Adobe
Illustrator
快速入门

[美] 丽莎·弗里斯玛（Lisa Fridsma）/ 著

郝倩 金昌一 尹浩 / 译

U0212162

清華大學出版社

北 京

北京市版权局著作权合同登记号 图字：01-2022-5175

图书在版编目（CIP）数据

Adobe Illustrator快速入门 / (美) 丽莎·弗里斯玛 (Lisa Fridsma) 著；郝倩，金昌一，尹浩译.
北京：清华大学出版社, 2024. 7. -- ISBN 978-7-302-66674-5
Ⅰ. TP391.412
中国国家版本馆CIP数据核字第20245HR267号

责任编辑：陈绿春
封面设计：潘国文
责任校对：胡伟民
责任印制：杨 艳

出版发行：清华大学出版社
      网   址：https://www.tup.com.cn，https://www.wqxuetang.com
      地   址：北京清华大学学研大厦 A 座   邮   编：100084
      社 总 机：010-83470000   邮   购：010-62786544
      投稿与读者服务：010-62776969，c-service@tup.tsinghua.edu.cn
      质 量 反 馈：010-62772015，zhiliang@tup.tsinghua.edu.cn
印 装 者：三河市铭诚印务有限公司
经   销：全国新华书店
开   本：180mm×210mm   印   张：12.5   字   数：425 千字
版   次：2024 年 9 月第 1 版   印   次：2024 年 9 月第 1 次印刷
定   价：99.90 元

产品编号：099308-01

致谢：

感谢我的家人，你们的爱和支持令我深受感动。

特别致谢：

劳拉·诺曼（Laura Norman），感谢您给予我这个绝佳的机会，并在整个过程中提供支持。

罗宾·托马斯（Robyn Thomas），感谢您在整个流程中展现出的稳健把控能力和敏锐的观察力。

冯·格利茨卡（Von Glitschka），感谢您在制作视频时贡献的专业知识和发表的见解。

特蕾西·克鲁姆（Tracey Croom），您是我的制作和编辑英雄。

莫妮卡·高斯（Monika Gause），您是我的技术编辑英雄。

凯利·安东（Kelly Anton），您是我的校对英雄。

前　言

欢迎使用行业标准矢量图形应用程序Adobe Illustrator。Illustrator的工具和功能为艺术家、设计师和插画师提供了无限的可能性。

如何使用本书

本书是基于任务的参考资料。每一章侧重于应用程序的一个特定领域，并以一系列简明扼要的步骤进行介绍。

本书适合矢量绘图和设计的初学者，以及中级设计师和插画师。

与Windows和macOS共享空间

Illustrator在Windows和macOS上几乎完全相同，这是本书涵盖这两种操作平台的原因。

少数几个在一个环境中可以找到但在另一个环境没有找到的功能，我们会明确讨论是哪个环境。

您还将看到屏幕截图是Windows，但尽管与macOS有一些外观上的差异，例如标题栏和菜单栏，但用户界面本身的内容都是相同的。

TIP 为了更好地在屏幕上或打印时查看界面，本书中的屏幕截图为中等亮度界面，而不是默认的深色设置。可以在"首选项"对话框中修改界面设置。

本书资源及译者

本书由河南工业职业技术学院郝倩翻译第4-18章及附录A和B，河南工业职业技术学院金昌一翻译第1-2章，尹浩翻译第3章。

本书的配套资源请扫描右侧的二维码进行下载，如果在配套资源下载过程中碰到问题，请联系陈老师，联系邮箱: chenlch@tup.tsinghua.edu.cn。

配套资源

目录

视频列表

视频编号	说明
视频 7.2 **使用隔离模式和** **选择命令**	我们将演示如何隔离选定对象,使其更易于使用。我们还将演示使用命令具体选择对象的其他方法。 p. 84
视频 8.1 **使用描边**	本视频演示如何通过修改描边外观向基本路径添加视觉效果。 p. 96
视频 9.1 **使用钢笔和曲率工具绘制**	我们将带您了解使用这些工具创建直线和曲线的基本知识。 p. 103
视频 9.2 **使用线段工具组**	我们将演示这些工具如何精确创建直线、圆弧、缓和曲线和栅格。 p. 107
视频 10.1 **创建基本形状**	从基本矩形和椭圆形到多边形和星形,在本视频中,我们将演示如何轻松创建这些形状。 p. 115
视频 10.2 **使用符号**	本视频演示如何使用符号面板保存和重复使用图稿元素。 p. 116
视频 11.1 **使用文字工具**	我们将演示文字工具组中的各种工具在向文档添加文本时的行为。 p. 121
视频 11.2 **使用字符和段落设置**	本视频演示如何使用字符和段落面板为基本文本添加视觉趣味性和可读性。 p. 134
视频 11.3 **使用制表符面板**	我们将演示如何使用这个方便的特性向文本元素添加缩进和制表位。 p. 136
视频 12.1 **使用画笔面板**	本视频探索创建新空白文档时出现的画笔面板中的各种画笔类型。我们还将复制现有画笔并对其进行修改。 p. 149
视频 12.2 **使用画笔库**	我们将研究应用程序提供的画笔库,然后将文档的画笔保存为新库。 p. 162
视频 12.3 **使用绘画工具**	本视频演示了如何使用画笔工具和斑点画笔工具轻松复制手绘笔刷技术。 p. 166
视频 13.1 **使用定界框**	本视频探讨使用定界框时,按键命令如何影响选择。 p. 171

1

基础知识

Adobe Illustrator是创建基于矢量插图的行业标准。

虽然Illustrator最初用于徽标和图标等简单元素，但其强大的功能和友好的用户界面使其已经演变为能够创造丰富而复杂设计的软件。

Illustrator 界面

Illustrator界面旨在提供直观和友好的用户体验。

主屏幕概述

直接启动Illustrator（无须打开Illustractor文件）会将用户带到**主屏幕**（**图1.1**），它为用户提供了各种工具和资源。

TIP 要了解如何启动Illustrator，请参阅本章中的"启动Illustrator"部分。

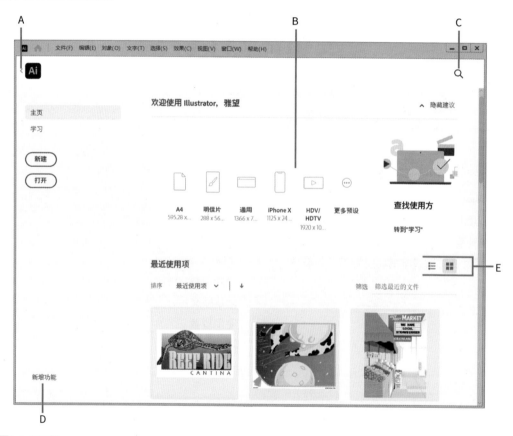

图1.1 主屏幕

A. 返回应用程序按钮   **B.** 新文档的预设   **C.** 搜索按钮   **D.** "新增功能"按钮

E. 切换"按列表显示最近的文件"或"预览"

1.1.2 应用程序界面概述

Illustrator应用程序界面（图1.2）是一个可定制的界面，允许用户轻松访问和配置各种工具和面板，以帮助用户创建和修改作品。

应用程序界面的外观取决于哪个工作区处于活动状态。本书主要关注**基本功能工作区**。

TIP 要了解有关工作空间的更多信息，请参阅第2章中的"自定义工作区"部分。

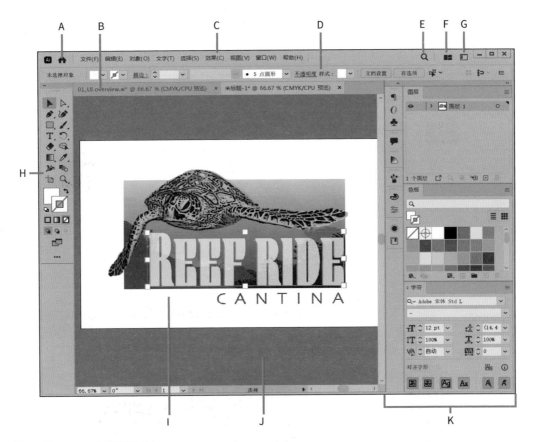

图1.2 Illustrator 应用程序界面

A. 返回主屏幕按钮　　B. 文档窗口选项卡　　C. 菜单栏　　D. 控制面板　　E. "搜索"按钮　　F. "排列文档"按钮

G. 切换工作区　　H. 工具栏　　I. 画板　　J. 粘贴板　　K. 面板

启动Illustrator

Illustrator可以直接启动，也可以通过打开Illusttrator (.ai) 文件启动。

启动应用程序

执行以下任一操作。

- 单击桌面扩展面板 (macOS) 或开始屏幕 (Windows) 上的**Adobe Illustrator 2022**图标。

- 找到**Adobe Illustrator 2022** 文件夹并双击应用程序图标 (图 1.3)。

- 双击**Illustrator (.ai)** 文件 (图 1.4)。

TIP 根据用户的系统，文件图标可能显示为应用程序类型或文档的缩略图。

图 1.3 双击Adobe Illustrator 2022文件夹中的应用程序以启动软件

图 1.4 双击 Adobe Illustrator (.ai) 文件以启动应用程序

了解Illustrator

发现面板(图1.5)是一项新功能,可以提供对各种学习资源的快速集成访问。

从主屏幕打开发现面板

执行以下操作。

- 单击左侧面板中的"学习"按钮,然后选择一个教程。

- 单击"新增功能"按钮(图1.1中的D)以显示有关应用程序中的新特性以及如何使用它们的信息。

从应用程序界面打开发现面板

执行以下任一操作。

- 执行"帮助|Illustrator帮助"命令以显示主菜单。

- 执行"帮助|教程"命令以显示应用程序内部的**教程**部分。

- 执行"帮助|新增功能"命令以显示有关应用程序中的新功能以及如何使用这些功能的信息。

- 单击"搜索"按钮(图1.2中的E)。

TIP 单击"教程"和"新增内容"部分右上角的主页按钮可进入主菜单。

图1.5 发现面板显示实操教程、教程和新增功能部分

打开现有文件

打开文件的方法有很多种。

从主屏幕打开文件

执行以下任一操作。

- 单击"**打开**"按钮(图1.6),然后在"打开"的对话框中选择文件。
- 单击"**最近使用项**"列表中的文件。

从应用程序界面打开文件

执行以下任一操作。

- 执行"**文件|打开**"命令,然后在打开的对话框中选择文件。
- 执行"**文件|最近打开的文件**"命令,然后在关联菜单中选择最近打开的文件。
- 执行"**文件|在Bridge中浏览**"命令,启动Adobe Bridge,并使用该应用程序选择一个文件(图1.7)。

图 1.6 单击主屏幕中的"打开"按钮

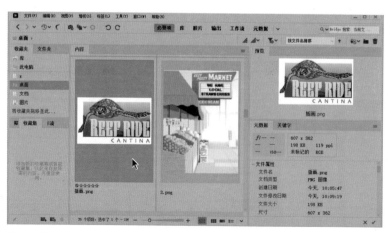

图 1.7 使用Adobe Bridge选择要在Illustrator中打开的文件

创建新文件

可以从主屏幕或在应用程序内创建新文件。

从主屏幕创建文件

执行以下任一操作。

- 单击"**新建**"按钮,打开"**新建文档**"对话框。

- 单击某个预设图标在应用程序界面中创建并自动打开新文档 (**图1.8**)。

- 单击"**更多预设**"按钮打开"**新建文档**"对话框。

从应用程序界面创建文件

执行以下任一操作。

- 执行"**文件|新建**"命令打开"**新建文档**"对话框。

- 执行"**文件|从模板新建**"命令,然后选择适当的模板文件。

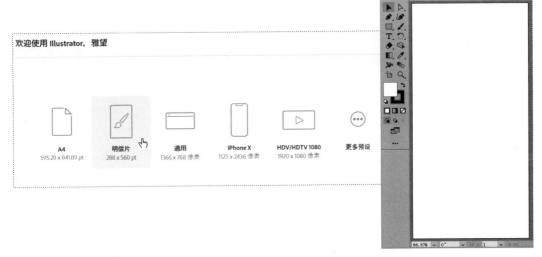

图 1.8 单击主屏幕中的某个预设图标,在应用程序界面中创建并打开新文档

TIP 在"**文档设置**"对话框 (执行"**文件|文档设置**"命令) 中创建文件后,可以更改文档的设置。

使用"新建文档"对话框中的预设创建文档

执行以下任一操作。

1. 在对话框的顶部，选择一个类别的选项卡（图1.9）。

2. 在相应类别下选择一个预设。

3. 单击"创建"按钮。

TIP 保存的类别选项卡包含从Adobe Stock下载的模板。

TIP 模板部分包含从Adobe Stock下载的模板。

图 1.9 选择一个类别的选项卡

TIP 自定义预设时，新设置将存储在"最近使用项"选项卡中。

什么是出血？

出血是超出文档可打印边界的元素。出血部分将不会被打印。

出血边界在画板的边缘进行定义，也可以指定它们驻留在画板之外 (**图1.10**)。

图1.10 位于此画板外部的出血由红色边框表示

自定义新文档的预设

在"新建文档"对话框的右侧，执行以下任一操作。

- 输入文档的**名称**。
- 使用"**宽度**"和"**高度**"参数指定画板大小。
- 在关联菜单中选择**测量单位**。
- 为**方向**选择纵向或横向。
- 增加或减少**画板**的数量。
- 指定画板每个边缘的**出血位置**。
- 为项目选择合适的**颜色模式**。

TIP 默认情况下，Illustrator会自动为打印 (CMYK) 或数字 (RGB) 输出选择适当的颜色模式。要了解有关颜色模式的更多信息，参阅第4章内容。

- 自定义应用于文档的任何光栅效果的分辨率。
- 选择适当的预览模式以查看作品。

  默认值设置以矢量和全色显示所有效果。

  像素模拟图像在光栅化后的显示方式。

  叠印模拟打印时图片的显示方式。

 视频1.1
创建新的自定义文档

扫码看视频

使用模板

创建共享相似组件（尺寸、颜色模式等）的多个文档时，模板很有用。

打开应用程序提供的模板文件

Illustrator为应用程序提供了一些行业标准模板文件（.ait）。选择模板会将文件的副本作为空白的，未保存的Illustrator文档打开。

1. 执行"**文件|从模板新建**"命令。

   在对话框中，打开位于以下位置的"**空白模板**"文件夹。

   Adobe Illustrator 2022/Cool Extras/ zn_CN/模板

2. 选择适当的模板，然后单击"**新建**"按钮（**图1.11**）。

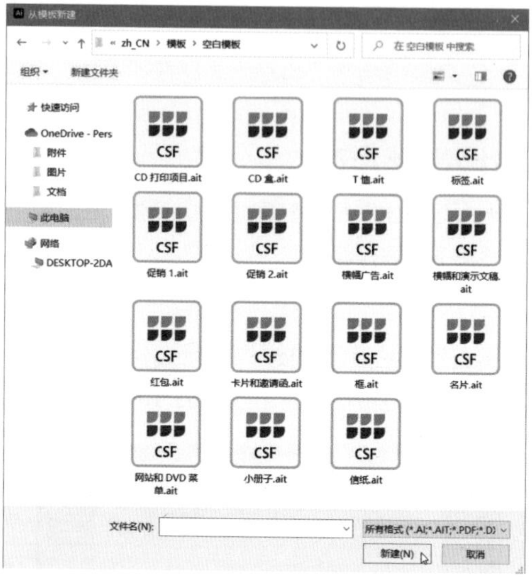

图 1.11 选择Illustrator应用程序提供的模板

从现有文件创建模板

当用户使用现有文档创建模板时，或以.ai文件形式打开副本时，将保留所有插图和应用程序的设置。

1. 自定义文档，使其在打开时显示为用户想要的样子。

2. 执行"**文件|存储为模板**"命令。

3. 在"**存储为**"对话框中为模板文件指定名称和位置。

4. 单击"**保存**"按钮将文件保存为模板。

自定义模板文件

在将文档保存为模板之前，可以通过以下几种方式自定义文档。

· 设置放大级别。

· 显示标尺、辅助线或网格。

· 包括和不包括作品。

· 包括和不包括样本、画笔、符号等。

· 使用"文档设置"或"打印设置"对话框设置所需的选项。

2

自定义应用程序

Adobe Illustrator提供了大量定制功能，以适合用户使用应用程序时的需求。

用户可以根据需要设置工具和面板，并保存这些设置以备将来使用。

本章内容

访问文档窗口

Illustrator允许用户同时打开多个文件。

使用嵌套文档

默认情况下，文件嵌套在文档窗口中。

- 通过单击嵌套选项卡来激活文档（图2.1）。

- 单击选项卡上的图标关闭文档。

使用浮动文档

文档也可以驻留在应用程序界面之外。如果使用多个监视器，这将非常有用。

- 通过从应用程序界面中拖动嵌套文档的选项卡来浮动嵌套文档。

- 通过将浮动文档的标题栏拖到应用程序界面上将其嵌套（图2.2）。

图 2.1 单击嵌套选项卡可激活文档

TIP 可以执行"编辑|首选项|用户界面"命令确定文档的打开方式。默认设置为"以选项卡方式打开文档"。

图 2.2 通过标题栏拖动浮动文档将其嵌套在应用程序界面中

平铺文档窗口

要平铺所有打开的文档,使它们在应用程序界面中可见,请执行以下操作之一。

- 单击应用程序界面右上角的"排列文档"按钮,再选择平铺选项 (图2.3)。
- 执行"窗口|排列|平铺"命令。

合并文档窗口

要收集所有打开的文档,使其在应用程序界面中嵌套并使用其选项卡,请执行以下操作之一。

- 单击应用程序栏界面右上角的"排列文档"按钮,然后单击左上角的"合并所有"图标。
- 执行"窗口|排列|合并所有窗口"命令。

图 2.3 单击"排列文档"按钮可显示平铺和合并文档窗口的选项

视频 2.1
使用多个文档

扫码看视频

使用工具栏

默认情况下，与指定工作空间关联的各种工具位于工具栏中，该工具栏停靠在应用程序界面的左侧。

选择一个工具

执行以下任一操作。

- 单击工具栏中的工具。

- 按工具的键盘快捷键。

TIP 将光标悬停在工具上时，工具的键盘快捷键显示在工具名称后的括号中。

显示隐藏的工具

类似的工具以组的形式显示，并由可见工具右下角的小三角形标识表示隐藏的工具。通过执行以下任一操作，可以访问隐藏的工具。

- 单击并将光标悬停在可见工具上。

- 按Alt/Option键并单击可循环浏览各个隐藏工具。

重新定位工具栏

通过执行以下操作，可以取消固定和移动工具栏。

- 单击并将标题栏拖到工具栏的所需位置。

浮动工具组

执行以下操作。

- 单击并拖动工具组离开选项卡。

查看双栏或单栏中的工具

执行以下操作。

- 在工具栏的左上角单击双箭头 (图2.4)。

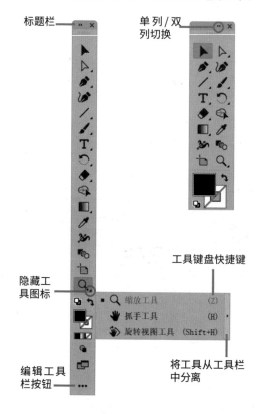

图 2.4 工具栏自定义功能

视频 2.2
自定义工具栏

扫码看视频

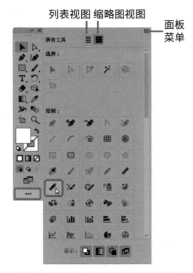

列表视图 缩略图视图

面板菜单

图 2.5 从"所有工具"面板中选择工具

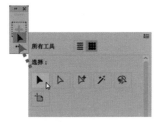

图 2.6 将工具添加到工具栏

图 2.7 使用所有工具面板菜单创建新工具栏

访问所有工具面板

所有工具面板（图2.5）包含Illustrator提供的每个工具。要访问它们，请执行以下操作。

1. 单击"编辑工具栏"按钮。

2. 单击所需工具将其选择。

TIP 可以选择和使用工具，而无须将其添加到工具栏。

将工具添加到工具栏

执行以下操作（图2.6）。

1. 单击"编辑工具栏"按钮打开"所有工具"面板。

2. 单击并将工具拖动到工具栏上。

TIP 在"所有工具"面板中，暗显的工具同样位于工具栏中。

从工具栏中删除工具

执行以下操作。

1. 单击"编辑工具栏"按钮打开所有工具面板。

2. 单击并将工具拖离工具栏。

创建新工具栏

执行以下操作。

1. 通过执行以下任一操作打开"新建工具栏"对话框。

　·执行"窗口|工具|新建工具栏"命令。

　·单击"编辑工具栏"按钮，然后在工具面板菜单中选择"新建工具栏"选项。

2. 在"新建工具栏"对话框中输入**名称**，然后单击"确定"按钮（图2.7）。

新的空工具栏将在屏幕上浮动（未固定的）。

使用面板

Illustrator附带的众多面板为创建和修改用户的作品提供了强大的工具。Illustrator让用户可以根据需要轻松打开和折叠这些工具，以最适合用户的工作需要（图2.8）。

打开关闭的面板

执行以下操作。

- 执行"窗口|面板名称"命令。

TIP 根据工作空间配置，面板可以单独或在组内以停靠或浮动的方式打开。

打开折叠的面板

折叠的面板仅显示其图标。要打开一个，请执行以下任一操作。

- 执行"窗口|面板名称"命令。
- 单击折叠面板的图标。
- 单击"展开面板"按钮打开面板组中所有折叠的面板（图2.9）。

关闭固定面板

执行以下操作。

1. 右击面板选项卡或图标。
2. 在弹出的快捷菜单中选择"**关闭**"选项。

关闭浮动面板

执行以下操作。

- 单击浮动面板上的"**关闭**"按钮（图2.10）。

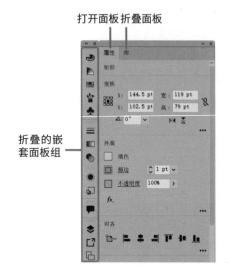

图 2.8 折叠和打开的面板组

图 2.9 打开折叠的面板

图 2.10 浮动面板上的"关闭"按钮

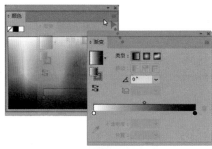

图 2.11 折叠浮动面板以创建面板组

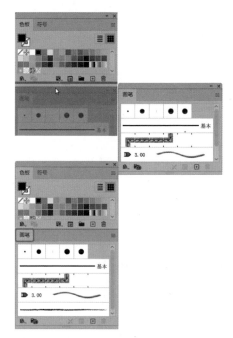

图 2.12 固定浮动面板

移动面板

执行以下操作。

- 单击并拖动面板选项卡。

移动面板组

执行以下操作。

- 单击并拖动面板组的标题栏。

在组中折叠面板

执行以下操作。

- 单击并将面板选项卡拖到面板组中 (图2.11)。

TIP 目标面板周围的蓝色边界表示正在创建组。

固定面板

执行以下操作。

- 单击并拖动另一个固定面板上方或下方的面板选项卡 (图2.12)。

TIP 蓝色水平高亮显示表示正在停靠面板。

固定面板组

执行以下操作。

- 单击并拖动面板标题栏, 使其位于另一固定面板的上方或下方。

最大化或最小化面板

执行以下操作。

- 双击面板标题栏 (图2.13)。

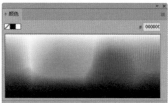

图 2.13 双击标题栏最小化颜色面板

使用属性面板

属性面板将多个设置和编辑功能合并到一个位置，以便于访问和使用。

TIP 默认情况下，属性面板显示在基本功能工作区中。

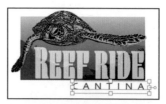

属性面板控件

可用控件取决于选定的对象，并按类别进行显示。

- 变换：尺寸、位置、角度等。
- 外观：填色、描边、不透明度等。
- 动态：类型设置、裁剪、遮罩等。
- 快速操作。与选择相关的任务，例如创建轮廓、排列等。

打开属性面板

执行以下操作。

- 执行"窗口|属性"面板命令。

访问整个面板

执行以下操作。

- 单击相应面板部分的"⋯"（**更多选项**）按钮，打开整个面板（**图2.14**）。

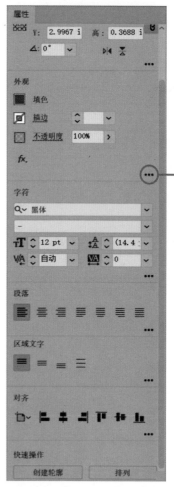

更多选项按钮

图 2.14 在属性面板中显示选定文本对象的控件

使用控制面板

TIP 默认情况下，控制面板显示在基本功能工作区中。

控制面板允许用户快速访问选定元素的相关属性。默认情况下，控制面板位于应用程序界面的顶部（图2.15）。

图 2.15 在控制面板中显示渐变对象的属性

打开控制面板

执行以下操作。

- 执行"窗口|控制"命令。

更改停靠位置

执行以下操作。

- 在控制面板菜单中，选择"停放到底部"或"停放到顶部"选项。

浮动控制面板

执行以下操作。

- 单击并拖动面板边界，使其远离停靠位置。

自定义面板中显示的控件

执行以下操作。

- 在控制面板菜单中，选择或取消选择需要显示在面板中的设置。

TIP 控制面板中显示的选项取决于应用程序界面的大小和面板菜单中选择的选项数。

自定义工作区

Illustrator包括不同的基于项目的应用程序配置，以及创建和管理新工作区的功能。

访问工作区菜单

执行以下任一操作。

- 执行"窗口|工作区"命令。
- 单击应用程序栏右侧的"切换工作区"按钮（图2.16）。

重置工作区

如果更改了工作区的配置（打开或关闭面板、添加或删除工具等），可以通过执行以下任一操作恢复到原始设置。

- 执行"窗口|工作区|重置[工作区名称]"命令。
- 单击"切换工作区"按钮，然后选择"重置[工作区名称]"选项。

保存工作区

用户可以使用配置的应用程序创建自定义工作区。

1. 自定义界面以满足用户的需要。
2. 在"工作区"菜单中选择"新建工作区"选项。
3. 在"新建工作区"对话框中输入名称，然后单击"确定"按钮（图2.17）。

图 2.16 工作区菜单

自定义工作区

以下是自定义工作区的一些选项。

- 打开和关闭面板。
- 停靠和浮动面板。
- 折叠和展开面板。
- 在工具栏中添加和删除工具。
- 打开或关闭控制面板。

图 2.17 创建工作区并在菜单中显示结果

复制保存的工作区

执行以下操作（图2.18）。

1. 首先从**工作区**菜单中选择"**管理工作区**"选项。

2. 在"**管理工作区**"对话框中，选择要复制的已保存工作区。

3. 单击"**新建工作区**"按钮。

4. 如果愿意，可以自定义名称，然后单击"**确定**"按钮。

图 2.18 创建已保存工作区的副本和结果显示在菜单中

重命名保存的工作空间

执行以下操作。

1. 首先在**工作区**菜单中选择"**管理工作区**"选项。

2. 在"**管理工作区**"对话框中，选择要重命名的已保存工作空间。

3. 编辑名称。

4. 单击"**确定**"按钮以应用更改。

删除保存的工作区

执行以下操作。（图2.19）

1. 首先从**工作区**菜单中选择"**管理工作区**"选项。

2. 在"**管理工作区**"对话框中，选择要删除的已保存的工作区。

3. 单击"**删除工作区**"按钮。

4. 单击"**确定**"按钮删除工作区。

TIP 只能复制、重命名或删除创建的工作区。无法更改应用程序包含的工作区。

图 2.19 删除保存的工作区和菜单中显示的结果

 视频 2.3
管理工作区

扫码看视频

配置Illustrator首选项

首选项面板允许用户自定义Illustrator应用程序的设置（显示选项、命令、面板位置、类型等）。

打开首选项对话框

"首选项"对话框允许用户自定义Illustrator应用程序。

要访问对话框（图2.20），请执行以下任一操作。

- 执行"编辑|首选项"（Windows）或"Illustrator|首选项"（macOS）命令，然后在关联菜单中选择一个选项。

- 单击控制面板中的"首选项"按钮。

TIP 要了解有关各个首选项选项卡部分的更多信息，请参阅附录A设置首选项。

在"首选项"对话框中，执行以下操作。

1. 选择相应部分的选项卡。

2. 根据需要修改各个设置。

3. 单击"确定"按钮以应用更改。

重置所有首选项

要恢复默认应用程序首选项，执行以下操作。

1. 在"首选项"对话框的"常规"选项卡部分，单击"重置首选项"按钮。

2. 单击"确定"按钮关闭对话框并确认重置。

3. 退出应用程序，然后重新启动Illustrator以使默认首选项生效。

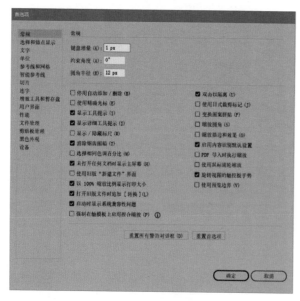

图 2.20 "首选项"对话框的"常规"选项卡

3

使用画板

画板允许用户将设计放置在不同大小的布局中，帮助用户可视化它们在不同大小页面和设备上的显示方式。

画板对于创建视频故事板或布置动画元素也很有用。

本章内容

画板概述

画板定义了包含文档的可打印或可导出作品的区域 (图3.1)。

访问画板的设置

执行以下任一操作。

- 从工具栏中选择画板工具。
- 在画板面板中，单击"画板选项"图标。

TIP 激活画板功能后，可以在属性面板、控制面板以及画板面板中应用这些功能。

图 3.1 在画板工具处于活动状态且画板面板打开的情况下选择画板

打开画板面板

画板面板帮助用户创建、管理和浏览画板。要访问画板面板，请执行以下操作。

- 执行"窗口|画板"命令 (图3.2)。

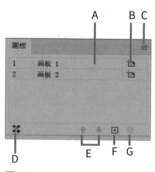

图 3.2

A. 画板　　**B.** 画板选项图标　　**C.** 面板菜单

D. 重新排列所有画板按钮　　**E.** 上移/下移按钮

F. "新建画板"按钮　　**G.** "删除画板"按钮

TIP 要了解如何将画板添加到新文档，请参阅第1章"创建新文件"部分。

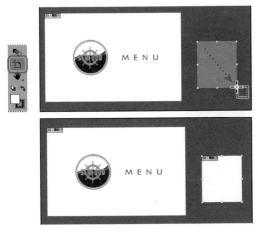

图 3.3 使用画板工具手动创建画板

添加画板

所有Illustrator文件必须至少包含一个画板。每个文件最多可以创建1000个画板。

使用画板工具添加

执行以下操作。

1. 选择工具栏中的**画板工具**（图3.3）。

2. 在文档窗口中，**单击并拖动**以定义新画板的大小和位置。

使用"属性"面板或"控制"面板添加

执行以下操作。

- 激活画板功能后，单击"添加画板"图标（图3.4）。

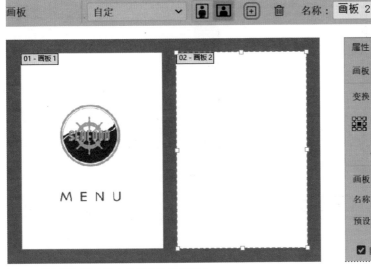

图 3.4 控制和属性面板中的"添加画板"图标

使用画板面板添加

在画板面板中，执行以下任一操作：

- 单击"新建画板"按钮（图3.5）。

- 单击面板菜单并选择新建画板。

TIP 使用画板面板创建的画板的尺寸由活动画板决定，如果面板中没有活动画板，则由顶级画板决定。

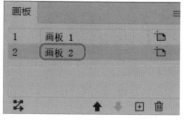

图3.5 单击画板面板中的"新建画板"按钮创建画板

图 3.6 显示所选画板设置的"画板选项"对话框

修改画板

可以在"画板选项"对话框 (图3.6) 中修改画板。

打开所选画板的选项对话框

执行以下任一操作。

- 双击画板工具。

- 在文档窗口中双击画板。

- 在**画板面板**中，单击"画板选项"图标或在面板菜单中选择"**画板选项**"。

- 在**控制面板**中，单击"**画板选项**"按钮 (图3.7)。

- 在**属性面板**中，单击快速操作下的**画板选项** (图3.7)。

TIP 必须选择一个画板才能打开其"**画板选项**"对话框。

图 3.7 控制面板和属性面板，其中面板选项突出显示

重命名画板

执行以下任一操作。

- 在"画板选项"对话框中，在"名称"选项中输入新名称，然后单击"确定"按钮。
- 在画板面板中，双击画板标签并输入新名称，然后，按Enter或Return键以应用更改（图3.8）。

TIP 在处理多个尺寸时，将描述性名称应用于画板非常有用。

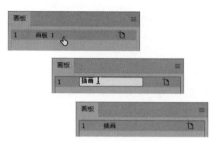

图3.8 使用画板面板重命名画板

使用预设更改尺寸

预设使用文档类型的相应设置确定画板的尺寸。选中画板后，执行以下任一操作。

- 在"画板选项"对话框中，在预设下拉列表中选择一个选项（图3.9）。
- 在属性面板的画板部分，在预设下拉列表中选择一个选项。
- 在控制面板中，在"预设"下拉列表中选择一个选项（图3.10）。

图 3.9 在"画板选项"对话框中选择预设

图 3.10 控制面板和属性面板中的预设下拉列表

图 3.11 "画板选项"对话框中的尺寸和方向设置

更改尺寸和方向选项

在"画板选项"对话框、属性面板或控制面板中,执行以下任一操作。

- 通过在**宽度**(W)和**高度**(H)选项中输入新尺寸来更改尺寸(图3.11)。
- 通过选择纵向或横向图标更改方向。

约束标注比例

执行以下任一操作。

- 在"**画板选项**"对话框中选择"约束比例"复选框。
- 在**属性**面板或控制面板中,单击约束宽度和高度比例图标(图3.12)。

图 3.12 控制画板和属性面板中的画板尺寸

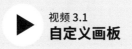

视频 3.1
自定义画板

扫码看视频

手动更改尺寸 (图3.13)

选择画板后，执行以下操作。

1. 在文档窗口中，选择画板。

2. 将光标悬停在画板边界的角或边上，直到光标显示为**双箭头**。

3. 单击并拖动以调整尺寸。

图 3.13 在文档窗口中手动更改画板尺寸

手动重新定位

选择画板后，执行以下操作。

- 在文档窗口中，在画板边界内单击并拖到新位置。

设置画板显示选项

在"画板选项"对话框 (图3.14) 中，执行以下任一操作 (图3.15)

- 勾选"显示中心标记"复选框以显示中心点。

- 勾选"显示十字线"复选框以显示穿过每条边中心的线。

- 勾选"显示视频安全区域"复选框以显示视频可视区域的画板边界线。

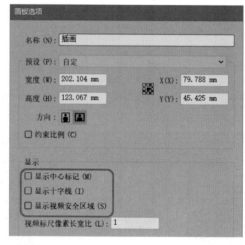

图 3.14 "画板选项"对话框

| 显示中心标记 | 显示十字线 | 显示视频安全区域 |

图3.15 画板显示选项

图 3.16 控制和属性面板中的删除图标

TIP 删除画板不会删除其中的内容。

管理画板

管理画板有助于文档的利用率。

删除遗忘的画板

在画板面板中执行以下操作。

- 在面板菜单中选择删除空画板。

删除画板

选中画板后，执行以下任一操作。

- 按Delete键。
- 单击画板面板、属性面板或控制面板中的"删除画板"按钮🗑(图3.16)。
- 在画板面板中，在面板菜单中选择"删除画板"选项。

复制画板及其内容

选中画板，执行以下操作。

1. 在控制面板或属性面板中单击"移动/复制带画板的图稿"按钮。
2. 在画板面板中，在面板菜单中选择"复制画板"选项 (图3.17)。

图 3.17 在画板面板中选择"复制画板"选项

选择多个画板

选择一个画板后，执行以下任一操作（图3.18）。

- 在**画板面板**中，按住**Shift键并单击**以选择其他画板。

- 在文档窗口中，按住**Shift键并单击**以选择其他画板。

- 在文档窗口中，**单击并拖动**以选择其他画板。

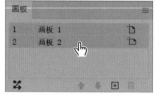

图 3.18 使用画板面板选择其他画板

重新排列画板

执行以下操作（图3.19）。

1. 选择属性面板中的"全部重新排列"选项，或单击控制面板或画板面板中的"重新排列所有画板"按钮。

2. 在对话框中，根据需要自定义画板排列设置。

3. 单击"确定"按钮重新排列画板。

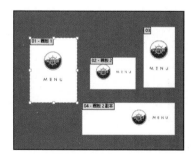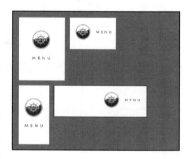

图 3.19 使用画板面板重新排列画板

4

使用颜色

Illustrator提供了一系列强大的工具和选项用
于应用和管理颜色，以满足用户的项目需求。

本章内容

访问填充和描边选项

填充是路径或对象内的颜色、图案或渐变。

描边是路径或对象的可见轮廓。

TIP 要了解有关使用描边的更多信息，请参阅第8章。

工具栏上的选项

工具栏包含详细的填充和描边控制选项（图 4.1）。

A. 填充：显示当前填充。

B. 默认填充和描边：将填充更改为白色，描边 更改为黑色。

C. 交换填充和描边：切换填充和描边颜色。

D. 描边：显示当前描边。

E. 颜色：最后选择的纯色。

F. 渐变：最后选择的渐变。

G. 无：从选定对象中移除填充或描边。

图 4.1

A. 填充 B. 默认填充和描边 C. 交换填充和描边
D. 描边 E. 颜色 F. 渐变 G. 无

选择填充或描边

执行以下任一操作。

- 要使填充成为活动选项，单击"填充"图标。

- 要使描边成为活动选项，单击"描边"图标。

TIP 要了解有关渐变和模式的更多信息，请参阅第14章。

其他面板中的选项

基本填充和描边选项也可在控制、属性、色板 和外观面板中使用（图4.2）。

TIP 执行"窗口|色板"命令或者执行"窗口|颜色"命令，可以查看当前的填充或描边。

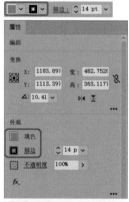

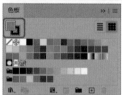

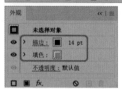

图 4.2 在控制、属性、色板和
外观面板中控制填充和描边

使用吸管工具

使用吸管工具，可以通过采样对象轻松更改活动的或选定的填充和描边。

使用吸管工具更新文档的填充和描边

1. 在工具栏中选择吸管工具（图4.3）。

2. 在文档窗口中，单击要作为活动设置的填充和描边的对象。

TIP 使用吸管工具不需要选择要采样的对象。

图 4.3 使用吸管工具通过采样对象来更新填充和描边

视频 4.1
**使用吸管工具应用
填充和描边**

扫码看视频

使用吸管工具更改对象的填充和描边

1. 在文档窗口中，选择要更改的填充和描边的对象（图4.4）。

2. 选择吸管工具。

3. 在文档窗口中，单击要作为选定对象新设置的填充和描边的对象。

A

B

C

图 4.4

A. 选择要更改的对象　　B. 使用吸管工具对新填充和描边进行采样　　C. 更新工具栏和所选内容中的填充和描边

使用拾色器

当用户激活对当前颜色的更改时，将打开**拾色器面板**（图4.5）。

拾色器面板允许用户使用四种颜色模式选项精确自定义颜色，即HSB、RGB、十六进制和CMYK。

纠正颜色警告

色域外颜色表示无法准确打印颜色（图4.5中的F）。要更正此问题，请执行以下操作。

■ 单击警告图标或校正色板以接受替换。

离开Web颜色意味着颜色可能无法在所有浏览器或平台上正确显示（图4.5中的G）。要更正此问题，请执行以下任一操作。

■ 单击警告图标或校正色板以接受替换。

■ 勾选"仅限Web颜色"复选框，将颜色选项减少到256个Web安全颜色设置（图4.5）。

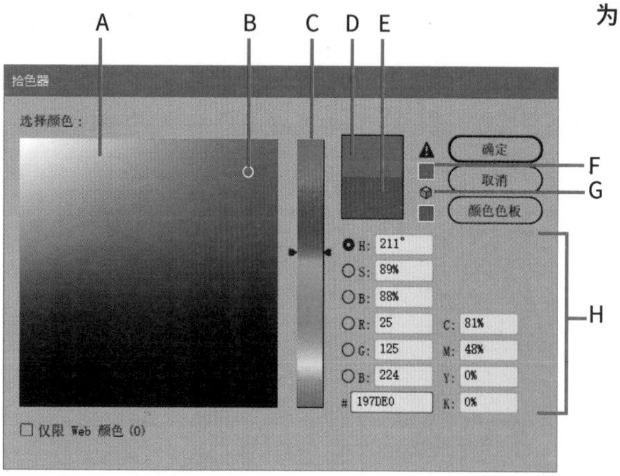

颜色模式选项

HSB（色调、饱和度和亮度）是一种用户友好的颜色选择方法。

· **色调**是在基于颜色控制盘的颜色滑块中选择的。

· **饱和度和亮度**指定为百分比。

RGB（红色、绿色和蓝色）专为数字显示而设计，是屏幕上任何图像的合适选择。

#（十六进制）是RGB颜色的另一种表示法，主要用于网页和屏幕设计中描述代码中的颜色，因为符号更简洁（但它描述的是相同的数字）。

CMYK（青色、洋红色、黄色和黑色）是为传统打印文件设计的。

TIP 使用与文档不同的颜色模式时，颜色将自动转换为文档颜色模式。当处理CMYK文档并将颜色指定为RGB时，这一点最引人注目。

图 4.5

A. 颜色选项　B. 拾取的颜色　C. 颜色滑块　D. 调整后的颜色
E. 原始颜色　F. 色域外颜色警告和校正色板　G. Web外颜色警告和校正色板

图 4.6 仅选择Web颜色的简化颜色选项

TIP 即使应用了渐变或图案，双击填充或描边选项也会打开拾色器面板。

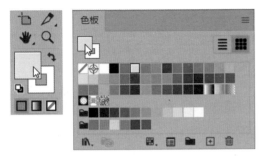

图 4.7 双击填充选项以打开拾色器面板

TIP 要了解有关色板的详细信息，请参见本章中的"使用色板面板"部分。

访问拾色器面板

双击以下任一项中的填充或描边选项。

- 工具栏。
- 色板面板（图4.7）。
- 颜色面板。

使用拾色器应用新的填充或描边颜色

执行以下任一操作，然后单击"确定"按钮。

- 在颜色选项中，单击以选择所需的色调。
- 在相应选项中输入新的颜色值。
- 如果选择了"色调（H）"，则使用"颜色滑块"调整颜色。
- 单击"颜色色板"按钮以选择新颜色的色板（图4.8）。

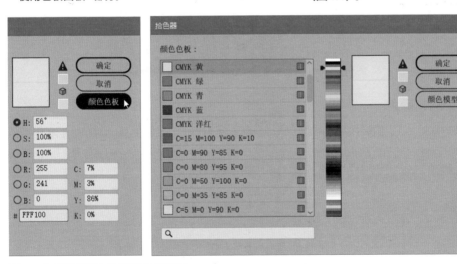

图 4.8 打开拾色器中的"颜色色板"部分

视频 4.2
使用拾色器

扫码看视频

使用颜色面板

颜色面板提供的几个用于修改颜色类型和模式设置的选项和设置如下。

- 填充和描边设置。
- 颜色模式值滑块和文本框。
- 颜色类型转换选项。

查看颜色选项

要查看颜色面板的完整选项和设置，请执行以下操作。

- 在面板菜单中选择"显示选项"选项 (图4.9)。

图 4.9 显示颜色面板的选项

将专色转换为工艺颜色

专色的编辑功能有限，将它们转换为工艺颜色可提供更大的灵活性。执行以下操作。

- 单击"专色"按钮 (图4.10)。

图 4.10 将专色转换为CMYK过程颜色

颜色类型

工艺颜色是通过组合四种CMYK打印颜色创建的。

如果在CMYK文档中将进程颜色的模式指定为RGB (或十六进制或HSB)，它将立即转换为CMYK。

专色是用于取代CMYK混合物的预混合油墨。

Pantone系统是创建专色的行业标准。Illustrator应用程序包含几个Pantone专色库。

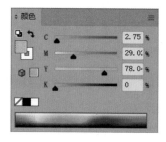

TIP 专色应仅在使用相应墨水打印时使用。当它们在文件中用于此目的时，为了方便起见，不应将其转换为工艺颜色。

TIP 调整专色值是更改色调，而不是更改色相和不透明度。

TIP 更改颜色模式选项不会更改文档颜色模式。要了解如何更改文档颜色模式，请参阅本章中的"使用菜单应用颜色更改"部分。

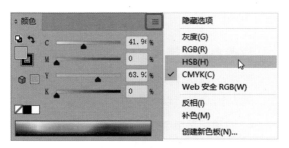

图 4.11 颜色面板的颜色模式视图从CMYK更改为HSB

TIP 在应用补色或反相操作之前，必须将专色转换为工艺颜色。

图 4.12 将反转颜色和补色应用于对象

调整颜色值

执行以下任一操作。

- 单击并拖动颜色值滑块。
- 在文本框中输入新的颜色值。

更改颜色模式选项（图4.11）

执行以下操作。

1. 在颜色面板中，单击面板菜单按钮。

2. 选择其他颜色模式视图。

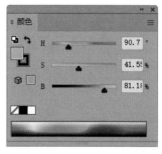

将对象的进程颜色更改为补色或反色（图4.12）

选择对象后，执行以下操作。

1. 选择要更改的填充或描边。

2. 在颜色面板中，单击面板菜单，然后选择以下选项之一。

   - 反相将颜色更改为相反的值。

   - 补色将颜色更改为使用其最低和最高RGB值计算的值。

使用色板面板

色板面板（图4.13）是组织文档颜色、色调、图案和渐变的基本工具。

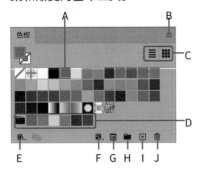

E   F G H I J

TIP 要了解有关渐变和模式的更多信息，请参阅第13章。

图 4.13
A. 活动色板 B. 面板菜单
C. 显示列表/缩略图视图按钮
D. 颜色组 E. 色板库
F. 显示"色板类型"菜单
G. 色板选项
H. 新建颜色组
I. 新建色板 J. 删除色板

查看色板详细信息

要从缩略图更改为列表视图以查看色板的名称，请执行以下操作之一。

- 单击"显示列表视图"按钮。

- 在面板菜单（图4.14）中选择一个列表视图选项。

更改色板显示大小

要在列表视图或缩略图视图中增加或减少色板的大小，请执行以下操作。

- 在面板菜单中选择色板大小视图选项。

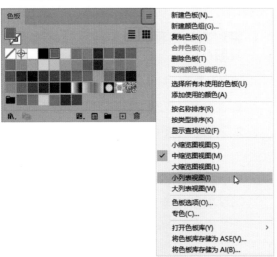

图 4.14 使用面板菜单从缩略图切换到列表视图

色板颜色类型

色板面板能包含色板颜色类型的不同组合，并使用不同的缩略图来识别它们。

 注册颜色是用于打印机标记的内置、不可移动的色样。当输出到PostScript打印机时，指定了注册色板的对象将在每次分离时打印。

 工艺颜色是CMYK（四种标准印刷油墨：青色、品红色、黄色和黑色）的组合。默认情况下，Illustrator将新色板（包括RGB）定义为过程颜色。

 当用户修改全局流程颜色时，它们会在用户的整个作品中自动更新。**全局色样可通过图标下角的三角形识别。**

 专色是用于取代CMYK混合物的预混合油墨。专色色板可以通过图标下角三角形内的点来识别。

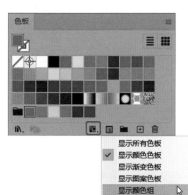

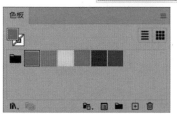

图 4.15 使用"显示色板类型"菜单显示颜色组类型（并隐藏所有其他类型）

显示某些色板类型

在**色板**面板中，执行以下操作。

- 单击"显示色板类型"按钮并选择一个选项（图4.15）。

按类型排列色板

在**色板**面板中，执行以下操作。

- 在面板菜单中，可以按名称或类型**排列**色板。

从活动填充或描边颜色创建色板

在色板面板中，执行以下操作。

■ 单击并将颜色框拖动到色板部分（图4.16）。

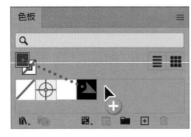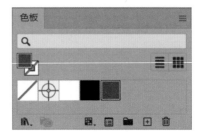

图 4.16 拖动活动颜色以创建新色板

使用自定义设置创建色板

在色板面板中，执行以下操作（图4.17）。

1. 单击"**新建色板**"按钮或从面板菜单中选择"**新建色板**"选项。

视频 4.3
使用色板

扫码看视频

2. 在"**新建色板**"对话框中，通过执行以下任一操作自定义设置，然后单击"**确定**"按钮。

- 更改色板名称。

- 更改色板颜色类型。

- 使用颜色模式选项调整颜色设置。

TIP 将光标悬停在色板缩略图上会显示名称。

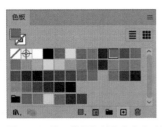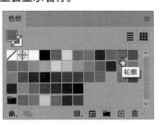

图 4.17 从工艺颜色创建自定义全局专色色样

使用颜色面板创建色板

在颜色面板执行以下操作（图4.18）。

1. 根据需要调整活动颜色。

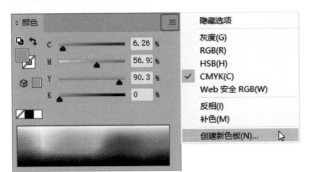

图 4.18 使用颜色面板菜单创建色板

2. 在面板菜单中选择"创建新色板"选项。

3. 在"新建色板"对话框中，根据需要自定义设置，然后单击"确定"按钮。

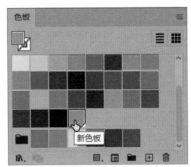

修改色板

在色板面板执行以下操作（图4.19）。

1. 双击色板缩略图，或在选定活动色板的情况下在面板菜单中选择"色板选项"选项。

2. 在"色板选项"对话框中，通过执行以下任一操作自定义设置，然后单击"确定"按钮。

- 更改色板名称。
- 更改色板颜色类型。
- 使用颜色模式选项调整颜色设置。

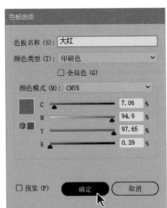

图 4.19 通过双击缩略图修改色板选项

从选定色板创建颜色组（图4.20）

执行以下操作。

1. 单击"新建颜色组"按钮或从面板菜单中选择"新建颜色组"选项。

2. 在"新建颜色组"对话框中输入组的名称，然后单击"确定"按钮。

TIP 要将色板添加到颜色组，请将其拖动到组中。

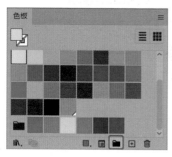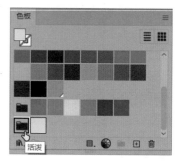

图 4.20 从选定的色板和结果创建新的颜色组

从选定对象创建颜色组（图4.21）

执行以下操作。

1. 单击"新建颜色组"按钮或在面板菜单中选择"新建颜色组"选项。

2. 在"新建颜色组"对话框中输入组的名称，然后单击"确定"按钮。

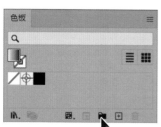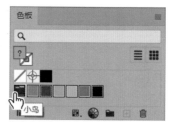

图 4.21 从选定对象和结果创建新颜色组

访问色板库

Illustrator提供了一个强大的基于墨水和主题颜色库的集合。

要访问色板库，请执行以下操作之一。

- 单击"**色板库**"按钮并在菜单中选择一个选项。
- 单击"**色板库**"菜单按钮，在面板菜单中选择库名称（图4.22）。

将库色板添加到"色板"面板

选择库色板后，执行以下任一操作。

- 单击库色板。
- 将色板从库面板拖动到"**色板**"面板上。
- 从库面板菜单中选择"添加到色板"选项。

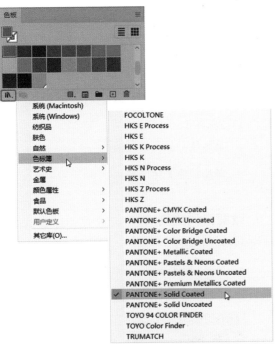

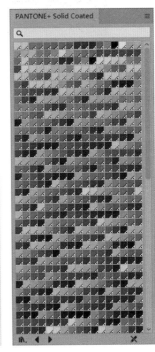

图 4.22 使用"色板库"菜单按钮打开色板库

创建自定义色板库

根据需要组织色板面板，执行以下操作。

1. 单击"**色板库**"按钮，然后选择"**保存色板**"选项。

2. 在"**将色板另存为库**"对话框中，输入名称并选择库的位置，然后单击"**保存**"按钮。

TIP 色板库的默认位置是Illustrator/预设/色板。

使用颜色参考面板

颜色参考面板（图4.23）根据当前颜色提供和谐的颜色变化建议。

TIP 要了解有关"编辑颜色"按钮的更多信息，请参阅本章中的"使用菜单应用颜色更改"部分。

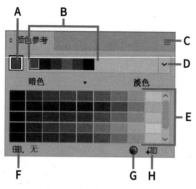

图 4.23

A. 设置为基础颜色

B. 活动颜色组

C. 面板菜单

D. 协调规则菜单

E. 颜色变化

F. 将颜色限制为指定的色板库

G. 编辑颜色

H. "将颜色保存到色板样本"面板

设置颜色参考基础颜色

执行以下任一操作。

- 使用吸管工具对文档中的颜色进行采样。

- 在**色板**面板中选择色板。

更改颜色参考选项

执行以下操作。

1. 在面板菜单中打开"颜色参考选项"对话框（图4.24）。

2. 根据需要调整步骤和变量数，然后单击"确定"按钮。

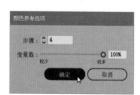

图4.24 "颜色参考选项"对话框

将颜色变化应用于选定对象的填充

执行以下任一操作。

- 单击活动颜色组样例。

- 单击颜色变化样例。

改变协调规则

执行以下操作。

- 单击"协调规则"菜单按钮（图4.25），然后选择一个新规则。

图 4.25 单击"协调规则"菜单按钮查看选项

使用样例库更改颜色选项

- 单击"将颜色组限制为某一色板库中的颜色"按钮，并从菜单中选择一个选项（图4.26）。

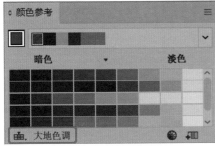

图 4.26 选择样例库以限制"颜色参考"

更改颜色变化的类型

从面板菜单中选择以下任一选项。

- "显示淡色/暗色"会将黑色（色调）和白色（阴影）添加到变体中。

- "显示冷色/暖色"将红色（暖色）和蓝色（冷色）添加到变化中。

- "显示亮光/暗光"增加（生动）和减少（静音）饱和度。

将颜色组添加到色板面板

执行以下任一操作。

- 单击"**将颜色保存到色板面板**"按钮（图4.27）。

- 在面板菜单中选择"**将颜色存储为色板**"选项。

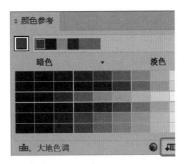

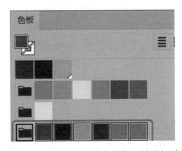

图 4.27 将活动颜色组添加到色板面板

使用菜单更改颜色

更改整个文档的颜色模式

打开文档后，通过执行以下操作之一为项目选择合适的颜色模式（图4.28）。

- 为数字项目执行"**文件|文档颜色模式|RGB颜色**"命令。

- 为打印项目执行"**文件|文档颜色模式|CMYK颜色**"命令。

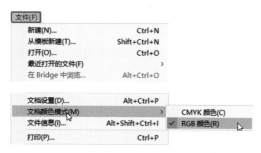

图 4.28 使用文件菜单为文档选择新的颜色模式

更改CMYK文档中对象的颜色模式

选定对象后，执行以下任一操作。

- 执行"**编辑|编辑颜色|转换为RGB**"命令以转换CMYK对象（图4.29）。

- 执行"**编辑|编辑颜色|转换为CMYK**"命令以转换RGB对象。

TIP 当文档颜色模式更改时，嵌入的RGB对象将自动转换为CMYK，反之亦然。

图 4.29 将CMYK对象转换为RGB

将对象更改为相反的颜色（图4.30）

选择对象后，执行以下操作。

1. 确保为所有选定对象指定进程颜色。

2. 执行"编辑|编辑颜色|反相颜色"命令。

将对象颜色更改为灰度（图4.31）

选择对象后，执行以下操作。

1. 确保为所有选定对象指定进程颜色。

2. 执行"编辑|编辑颜色|转换为灰度"命令。

更改对象的颜色饱和度（图4.32）

执行以下操作。

1. 选择要更改的对象，然后执行"**编辑|编辑颜色|调整饱和度**"命令。

2. 在对话框中，调整强度，然后单击"**确定**"按钮。

图 4.32 使选定对象不饱和

更改对象的色彩平衡（图4.33）

执行以下操作。

1. 选择要更改的对象，然后执行"**编辑|编辑颜色|调整色彩平衡**"命令。

2. 在对话框中，调整填充和或描边的颜色设置，然后单击"**确定**"按钮（图4.33）。

图 4.30 反相选定对象的颜色

图 4.31 将选定对象的颜色转换为灰度

TIP 专色和全局颜色不能反转或更改为灰度。

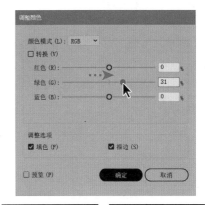

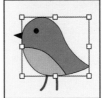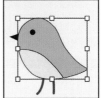

图 4.33 通过增加绿色RGB值调整选定对象的色彩平衡

编辑或重新着色图稿（图4.34）

打开"编辑颜色/重新着色图稿"对话框，执行以下操作。

1. 选择要编辑或重新着色的对象。

2. 执行"编辑|编辑颜色|重新着色图稿"命令。

3. 根据需要使用对话框中的选项调整颜色设置。

TIP 对话框名称和外观因激活方式而异。这些选项也可以在控制面板、颜色参考面板和色板面板中使用（如果选择了颜色组）。

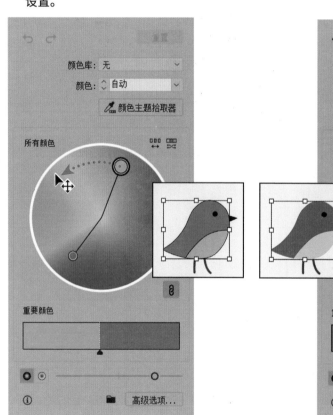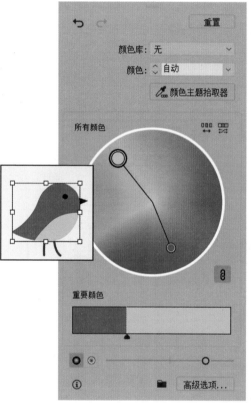

图 4.34 重新为选定对象着色

视频 4.4
使用菜单应用颜色更改
扫码看视频

5

文件导航

Adobe Illustrator 导航工具和功能可让用户专注于文档中的特定区域和元素，帮助用户高效工作。

本章内容

更改放大倍数

Illustrator 允许用户使用多种选项轻松更改文档的放大级别。

根据用户系统的图形处理单元 (GPU)，性能增强使Illustrator的平移、缩放和滚动速度提高了10倍，放大倍数提高了10倍率 (64000%，高于6400%)。

启用GPU性能

执行以下操作。

1. 通过执行"**Illustrator** |**首选项**|**性能 (macOS)**"或"**编辑**|**首选项**|**性能 (Windows)**"命令。打开"**首选项**"对话框。

2. 勾选 "GPU 性能" 复选框 (图5.1)。

3. 单击"**确定**" 按钮。

4. 执行 "**视图**|**使用GPU视图**" 命令。

在GPU和CPU视图模式之间切换

执行以下任一操作。

- 按Command/Ctrl+E快捷键。

- 执行 "**视图**|**使用CPU视图**" 命令。

- 执行 "**视图**|**使用GPU视图**" 命令。

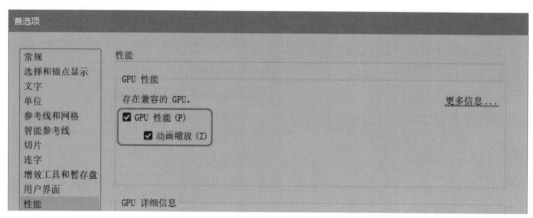

图 5.1 "首选项"对话框中的"GPU性能"设置

图 5.2 工具栏中的缩放工具

图 5.3 通过单击并向右拖动缩放工具,使用动画缩放来增加放大倍数

图 5.4 通过单击并向左拖动缩放工具,使用动画缩放来减小放大倍数

TIP 禁用动画缩放时,缩放工具使用字幕缩放功能。

图 5.5 通过单击并拖动缩放工具,使用选取框缩放来增加放大倍数

在动画缩放和字幕缩放之间切换

执行以下任一操作。

- 勾选"**首选项**"对话框性能部分中的"**动画缩放**"复选框。
- 执行"视图|使用CPU视图"命令以禁用动画缩放。
- 执行"视图|使用GPU视图"命令以启用动画缩放。

使用动画缩放更改放大倍数

在缩放工具处于活动状态时(图5.2),执行以下任一操作。

1. 要放大倍数,执行以下操作之一。
    - **单击并按住光标。**
    - **单击并向右拖动(图5.3)。**

2. 要缩小倍数,执行以下操作之一。
    - 单击并按住光标,同时按Alt/Option键。
    - 单击并向左拖动(图5.4)。

使用选框缩放增加放大倍数

在工具栏中选择缩放工具后,执行以下操作。

- 单击并拖动该区域(图5.5)。

使用缩放工具增量更改放大倍数

执行以下任一操作。

- 通过单击要放大的区域进行放大。
- 通过在单击要展开的区域时按Alt/Option键缩小。

使用视图菜单更改放大倍数（图5.6）

执行以下任一操作。

- 执行"视图|放大"命令以递增方式增加放大倍数。

- 执行"视图|缩小"命令以逐渐减小放大倍数。

- 执行"视图|画板适合窗口大小"命令以增大或减小放大倍数，使活动画板适合文档窗口。

- 执行"视图|全部适合窗口大小"命令以增加或减小放大倍数，使所有文档画板都适合文档窗口。

- 执行"视图|实际大小"命令以100%显示文档的打印预览。

使用状态栏更改放大倍数

在文档窗口左下角的状态栏中，执行以下任一操作（图5.7）。

- 在"放大"选项中输入新的百分比。

- 单击放大菜单按钮并选择一个百分比。

TIP 菜单项的键盘快捷键显示在命令的右侧。

图 5.6 视图菜单中的放大选项

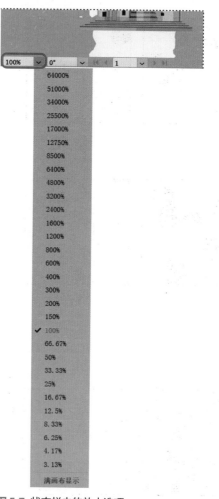

图 5.7 状态栏中的放大选项

TIP 按F键可切换屏幕模式。

TIP 按Esc键退出全屏或演示模式，并返回正常屏幕模式。

图 5.8 使用工具栏选择新的屏幕模式

TIP 视图菜单中也提供了屏幕模式选项。

使用工具栏更改屏幕模式

在工具栏底部，单击"更改屏幕模式"按钮并选择以下任一选项（图5.8）。

- 演示文稿模式在隐藏应用程序菜单、面板和参考线的同时显示图片。
- 正常屏幕模式是默认工作模式，顶部有一个菜单栏，侧面有滚动条。
- 带有菜单栏的全屏模式填充屏幕并保持菜单栏和滚动条可见。
- 全屏模式在全屏窗口中显示图稿作品，没有标题栏或菜单栏。

使用抓手和旋转视图工具

Illustrator 允许用户使用多种选项轻松更改视图区域。

使用抓手工具平移到另一个区域

选择抓手工具（图5.9），执行以下操作。

- 单击并拖动以移动到文档窗口的另一部分（图5.10）。

使用旋转视图工具更改画板的方向

选择旋转视图工具（图5.9），执行以下操作。

- 单击并拖动以更改画板的方向（图5.11）。

将画板还原为原始方向

执行以下操作。

- 双击旋转视图工具。

使用文档滚动条平移到其他区域

执行以下任一操作。

- 单击并拖动滚动按钮（图5.12）。
- 单击滚动按钮的任一侧以递增平移。

TIP 当另一个工具处于活动状态时，按空格键可以选择抓手工具。

图 5.9 工具栏中的抓手工具

TIP 要了解打印拼贴工具，请参阅第17章。

图 5.10 使用抓手工具平移文档视图

 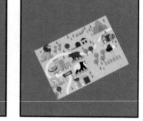

图 5.11 使用旋转视图工具更改文档视图的方向

图 5.12 使用滚动按钮向下平移文档

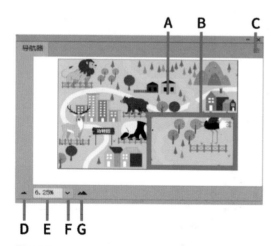

图 5.13

A. 图稿缩略图　　**B.** 代理视图区域　　**C.** 面板菜单　　**D.** 缩小按钮

E. 缩放框　　**F.** 缩放框菜单　　**G.** 放大按钮

使用导航器面板更改放大倍数

执行以下任一操作。

- 单击"**放大**"按钮以增加放大倍数 (图5.14)。

- 单击"**缩小**"按钮以减小放大倍数。

- 在"缩放"框中输入新的放大百分比。

- 单击缩放框菜单下拉按钮并选择新的放大百分比。

图 5.14 使用放大按钮增加放大倍数

使用导航器面板

导航器面板 (图5.13) 使用缩略图显示可以快速更改位置和放大倍数文档视图。

当前文档视图由称为代理视图区域的轮廓颜色选项表示。

使用导航器面板平移到另一个区域

执行以下操作。

- 单击并拖动以移动到插图缩略图的另一部分 (图5.15)。

图 5.15 使用导航器面板平移文档视图

更改视图模式

默认情况下，Illustrator以预览（全色）模式显示插图。但是，有时在大纲模式下仅显示视图对象的路径或使用隔离模式选择会更容易。

在预览视图和大纲视图之间切换

执行以下任一操作。

- 执行"视图|GPU预览"命令以全色显示图片（图5.16）。

- 执行"视图|轮廓"命令仅显示对象路径（图5.17）。

TIP 在**大纲视图中，文本元素显示为黑色填充**，而不是路径。

- 按Command/Ctrl+Y快捷键在GPU预览和轮廓模式之间切换。

激活对象或组的隔离模式

隔离模式有助于编辑选定的对象、路径和组。孤立图元以全色显示，其他图元暗显且不可选。

要激活隔离模式，请执行以下任一操作。

- 使用**选择工具**，双击对象或组（图5.18）。

- 选定对象或组后，单击控制面板中的"**隔离选中的对象**"按钮（图5.19）。

- 在图层面板中，选择对象或组，然后在面板菜单中选择"**进入隔离模式**"选项。

TIP 要了解有关图层面板的更多信息，请参阅第6章。

图5.16 GPU预览模式

图5.17 轮廓模式

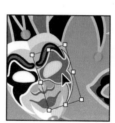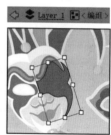

图5.18 双击对象以激活隔离模式（文档窗口上方显示隔离模式栏）

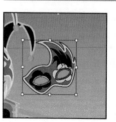

图5.19 通过单击控制面板中的"隔离选中的对象"按钮，激活选定组的隔离模式

图 5.20 使用直接选择工具激活组内路径的隔离模式

TIP 要了解有关直接选择工具的更多信息,请参阅第7章。

图 5.21 单击"退出隔离模式"按钮退出子层对象的隔离模式

为组内的路径激活隔离模式 (图5.20)

执行以下操作。

1. 使用直接选择工具或图层面板选择路径。

2. 单击控制面板中的"隔离选定的对象"按钮。

退出隔离模式

执行以下任一操作。

- 按 Esc键。

- 单击隔离模式栏上的任意位置。

- 使用选择工具在隔离组的外部双击。

- 单击隔离模式栏上的"退出隔离模式"按钮一次或多次 (图5.21)。

TIP 如果一个子层已被隔离,第一次单击将返回一个级别。根据子级别的数量,可能需要多次单击才能退出隔离模式。

视频 5.1
使用视图选项帮助选择图元

扫码看视频

使用标尺

标尺有助于精确定位元素。它们显示在文档窗口的顶部和左侧 (图5.22)。

显示或隐藏标尺

执行以下任一操作。

- 执行"视图|标尺|显示标尺"命令。
- 执行"视图|标尺|隐藏标尺"命令。
- 按Command/Ctrl+R快捷键在显示和隐藏标尺之间切换。

更改文档的度量单位

执行以下任一操作。

- 右击标尺并在弹出的快捷菜单中选择一个新的测量单位 (图5.23)。
- 执行"文件|文档设置"命令, 然后从常规部分的单位菜单中选择一个新选项。

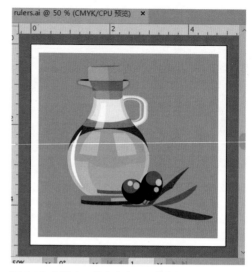

图 5.22 文档窗口的左上角显示的标尺

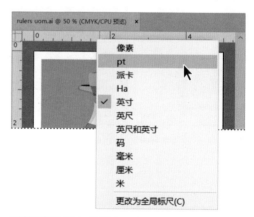

图 5.23 右击标尺更改测量单位

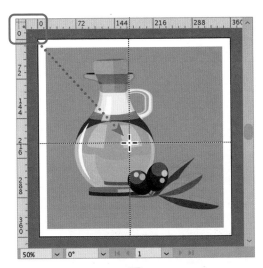

图 5.24 通过单击并从标尺交点拖动更改原点

更改标尺原点

原点是每个标尺的起始位置 (0)。要更改它，执行以下操作。

- 单击并从标尺交点拖动到新位置 (图5.24)。

重置标尺原点

执行以下操作。

- 双击文档窗口左上角的标尺交点。

画板和全局标尺

Illustrator 提供了如下两种不同类型的标尺。

- 画板标尺根据每个艺术板更改原点。画板标尺是Illustrator中的默认标尺。

- 全局标尺对整个文档使用单个原点。

在画板标尺和全局标尺之间切换

执行以下任一操作。

- 执行"视图|标尺|更改为全局标尺"命令。

- 执行"视图|标尺|更改为画板标尺"命令。

使用参考线和网格

参考线和网格是出现在画板顶部的非打印元素，可以帮助用户精确定位对象。

添加线性参考线

在文档窗口中显示标尺后，执行以下操作。

- 单击并拖动水平或垂直标尺至所需位置（图5.25）。

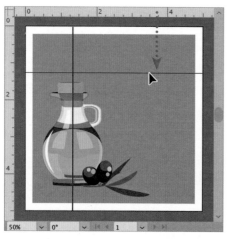

图 5.25 通过单击并从标尺上拖动来创建线性参考线

切换锁定或解锁参考线

执行以下任一操作。

- 执行"视图|参考线|锁定参考线"命令。
- 执行"视图|参考线|解锁参考线"命令。

切换参考线可见性

执行以下任一操作。

- 执行"视图|参考线|显示参考线"命令。
- 执行"视图|参考线|隐藏参考线"命令。

从对象创建参考线（图5.26）

执行以下操作。

1. 选择要转换为参考线的对象。
2. 执行"视图|参考线|建立参考线"命令。

图 5.26 从矩形对象创建参考线

将参考线转换回对象

执行以下操作。

1. 确保参考线已解锁。
2. 执行"视图|参考线|释放参考线"命令。

切换参考线捕捉

要将对象捕捉到参考线，请执行以下操作。

- 执行"视图|对齐点"命令。

删除参考线

执行以下操作。

1. 确保参考线已解锁。
2. 使用选择工具，单击参考线，然后按Delete键或Backspace键。

删除所有参考线

执行以下操作。

- 执行"视图|参考线|清除参考线"命令。

图 5.27 在文档窗口中显示网格

切换网格可见性

执行以下任一操作。

- 执行"视图|显示网格"命令（图5.27）。

- 执行"视图|隐藏网格"命令。

切换网格捕捉

要将对象捕捉到网格，请执行以下操作。

- 执行"视图|对齐网格"命令。

设置参考线和网格的首选项

执行以下操作（图5.28）。

- 在"首选项"对话框的"**参考线和网格**"部分，根据需要调整设置，然后单击"**确定**"按钮。

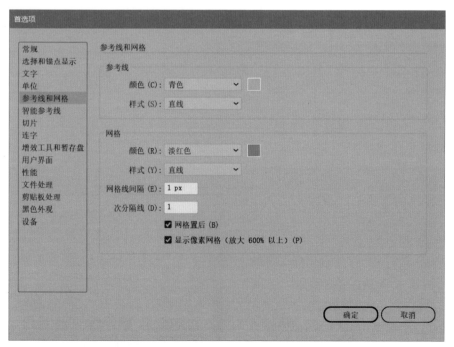

图 5.28 "首选项"对话框的"参考线和网格"部分

使用智能参考线

移动选定元素或调整其大小时，智能参考线会自动显示在Illustrator中。它们通过对齐其他元素、参考线和网格以及显示元素的坐标来帮助用户对齐、编辑和转换元素（图5.29）。

设置智能参考线的首选项

执行以下操作(图5.30)。

- 在"首选项"对话框的"智能参考线"部分，根据需要调整显示选项和捕捉公差，然后单击"确定"按钮。

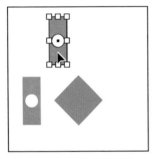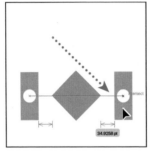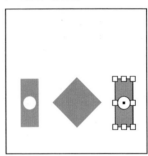

图 5.29 使用智能参考线重新定位对象

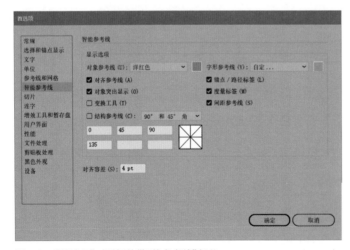

图 5.30 "首选项"对话框的"智能参考线"部分

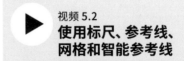

视频 5.2
使用标尺、参考线、网格和智能参考线

扫码看视频

6

管理图稿

Illustrator 图层面板和其他工具可帮助用户
管理构成图稿的所有元素，使用户能够高效
工作并避免出错。

本章内容

使用图层管理元素

图层类似于堆叠的透明文件夹和包含文档插图的工作表（图6.1）。

使用图层面板（图6.2），用户可以管理对象、文本和其他元素以便于访问。文档的图层管理结构的复杂程度取决于用户自己，以及用户作品的复杂性。

设置图层选项

对于图层或子图层，请执行以下任一操作（图6.3）。

- 单击"可见性列"（图6.3中的A）来显示或隐藏。
- 单击"编辑列"（图6.3中的B）锁定或解锁。
- 单击"目标列"（图6.3中的C）将其标记为编辑或应用效果。
- 单击"选择列"（图6.3中的D）选择其中的对象。

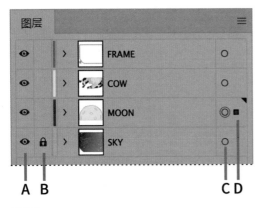

图 6.3

A. 可见性列　　B. 编辑列　　C. 目标列　　D. 选择列

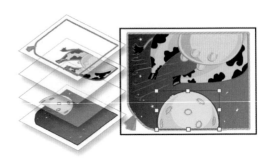

图 6.1 包含文档插图的图层

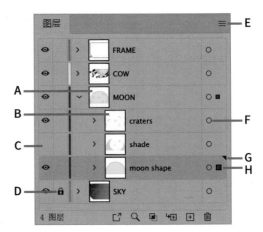

图 6.2

A. 展开的图层　　B. 子图层
C. 隐藏子图层　　D. 锁定的图层
E. 面板菜单　　F. 下一动作的活动图层图标
G. 定位图标　　H. 选定对象图标

展开图层以查看其内容

在图层面板中，执行以下操作。

- 单击图层缩略图左侧的>图标。

管理复杂元素

默认情况下，文档的所有元素都作为单个元素驻留在单个父图层中。对于复杂的文档，以内聚的方式管理元素有助于用户更高效地工作，避免出错（**图6.4**）。

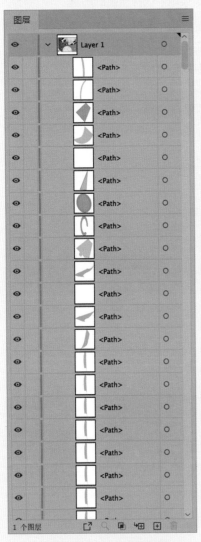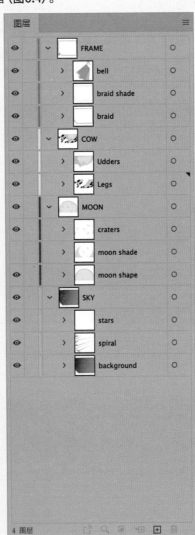

图 6.4 管理复杂文档前后的图层面板

使用默认设置添加图层

在图层面板中，执行以下操作。

1. 选择希望新图层位于其上方的图层。

2. 单击"创建新图层"按钮（图6.5）。

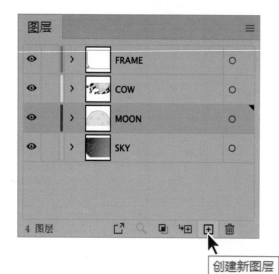

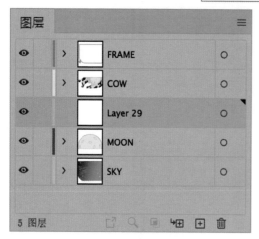

图 6.5 单击"创建新图层"按钮添加新图层

TIP 新元素将自动添加到当前图层中。

使用自定义设置添加图层

在图层面板中，执行以下操作。

1. 选择希望新图层位于其上方的图层。

2. 在面板菜单中选择新建的图层。

3. 在"图层选项"对话框中，根据需要自定义新图层设置（如名称和颜色），然后单击"确定"按钮（图6.6）。

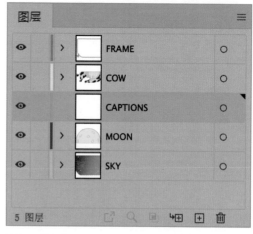

图 6.6 使用"图层选项"对话框添加新的自定义图层

使用默认设置添加子图层

在图层面板中，执行以下操作。

1. 选择希望新子图层位于其中的图层。
2. 单击"创建新子图层"按钮（图6.7）。

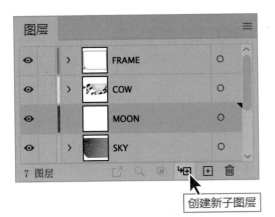

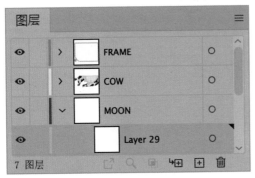

图 6.7 单击"创建新子图层"按钮添加新子图层

修改图层或子图层的属性

在图层面板中，执行以下操作。

1. 双击要修改的图层或子图层。
2. 在"图层选项"对话框中，根据需要自定义设置（例如名称和颜色），然后单击"确定"按钮。

使用自定义设置添加子图层

在图层面板中，执行以下操作（图6.8）。

1. 选择希望新子图层位于其中的图层。
2. 在面板菜单中选择新建的子图层。
3. 在"图层选项"对话框中，根据需要自定义新的图层设置（例如名称和颜色），然后单击"确定"按钮。

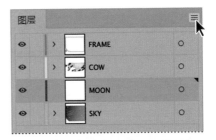

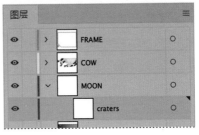

图 6.8 使用"图层选项"对话框添加新的自定义子图层

使用图层选择元素

图层面板的图层次结构是选择元素的有用工具。选择图层或子图层时，它下面的所有元素都包含在选项中。

选择图层或子图层中的所有元素

在图层面板中，执行以下操作。

1. 单击位于目标图标右侧的图层选择区域（图6.9）。

2. （可选）展开图层或子图层以查看选定的内容。

TIP 在 Illustrator 中，元素可以是路径、组、光栅图像、网格等。

选择图层或子图层中的元素

在图层面板中，执行以下操作。

- 单击位于目标图标右侧的元素选择区域。

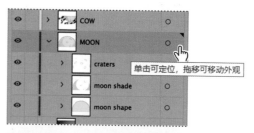

图 6.9 单击选择区域以选择其中的所有图层元素

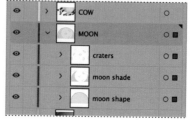

选择不同图层或子图层中的元素

在图层面板中，执行以下操作。

1. 单击第一个元素的选择区域。

2. 按住Shift键并单击其他元素的选择区域，以将其添加为选择。

取消选择元素

在图层面板中，执行以下操作。

- 按住Shift键并单击要取消选择的图层、子图层或元素的选择方块。

TIP 用户可以通过单击第一个元素的目标图标，然后按住Shift键并单击最后一个的目标图标来选择图层上的多个连续元素。

组元素

执行以下操作（图6.10）。

1. 使用图层面板或选择工具选择元素。

2. 执行"对象|编组"命令。

TIP 对来自不同图层的元素进行分组会将它们放置在最顶图层的选定元素的图层中。

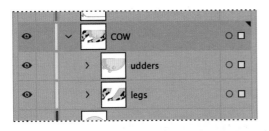

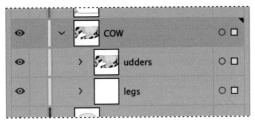

图 6.10 将选定的子图层元素和结果分组

TIP 删除或剪切图元不会删除其图层。要了解如何删除图层，请参阅本章中的"管理图稿的图层和结构"部分。

取消元素分组

执行以下操作。

1. 使用图层面板或选择工具选择组。

2. 执行"对象|取消编组"命令。

使用组

成组的图元依次堆叠在同一图层中，并被视为单个图元。对选定组的任何修改（移动、缩放、颜色更改等）都将应用于所有元素。

将元素添加到现有组

选择组后，执行以下操作（图6.11）。

1. 通过使用选择工具双击组或从图层面板菜单中选择"输入隔离模式"选项，进入隔离模式。

TIP 有关在隔离模式下选择元素的更多信息参见第7章。

2. 通过粘贴或绘制图元来添加图元。

图 6.11 通过在隔离模式下粘贴图元，将图元添加到组中

管理图稿的图层和结构

默认情况下，Illustrator的图层结构是顶部元素位于前面，底部元素位于后面。

移动图层、子图层或元素

在图层面板中，执行以下操作（图6.12）。

- 单击并拖动图层、子图层或元素，直到所需位置出现蓝色条，然后释放鼠标左键。

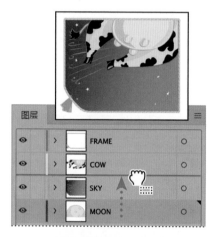

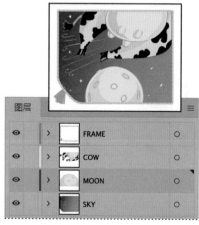

图 6.12 在图层面板中向上移动图层的位置和结果

嵌套图层、子图层或元素

在图层面板中，执行以下操作（图6.13）。

- 单击并将图层、子图层或元素拖动到要嵌套到的图层上，然后在目标图层高亮显示为蓝色时释放鼠标左键。

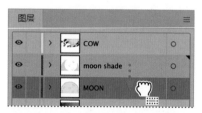

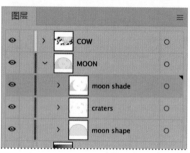

图 6.13 将图层嵌套在另一图层中的结果

删除图层或子图层

当图层或子图层在图层面板中处于活动状态时，执行以下操作之一。

- 单击"删除所选图层"按钮（图6.14）。
- 在面板菜单中选择要删除的图层。

图 6.14 单击"删除所选图层"按钮删除元素

拼合图层

拼合将所有图稿的可见元素整合到一个图层中。

在图层面板中，执行以下操作（图6.15）。

1. 选择要将图元合并到其中的图层。

2. 在面板菜单中选择"**拼合图稿**"选项。

合并元素

通过合并图层或子图层，选择要合并的图元。

在图层面板中，执行以下操作（图6.16）。

1. 按Command/Ctrl或Shift键选择要合并的图层或子图层。

2. 在面板菜单中选择"**合并所选图层**"选项。

图 6.15 通过在图层面板菜单中选择"拼合图稿"选项，合并所有图稿元素

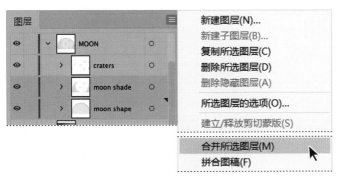

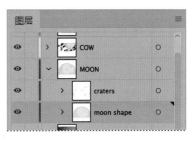

图 6.16 通过在图层面板菜单中选择"合并所选图层"选项来合并选定的子图层

视频 6.1
使用图层管理图稿

扫码看视频

使用命令排列对象

通过执行以下任一操作，可以在其子图层或组中更改对象的堆叠顺序。

- 执行"对象|排列|置于顶图层"命令。将对象移动到顶部位置（**图6.17**）。

- 执行"对象|排列|前移一图层"命令将物体向上移动一个位置。

- 执行"对象|排列|后移一图层"命令将对象向下移动一个位置。

- 执行"对象|排列|置于底图层"命令以将对象移动到底部位置。

使用绘图模式排列新对象

通过绘图模式选项，可以选择是在同一图层中的现有图元上方、下方还是内部绘制。

要选择绘图模式，请从工具栏的下部选择以下任一选项。

- 选择"正常绘图"选项将新对象放置在同一图层中所有现有对象的顶部（**图6.18**）。

- 选择"背面绘图"选项将新对象放置在同一图层中的所有现有对象下，或当前所选元素后面（**图6.19**）。

- 选择"内部绘图"选项将新对象放置在当前选定对象旁边（**图6.20**）。

TIP 使用"内部绘图"模式类似于创建剪切遮罩。欲了解更多信息，请参阅第15章。

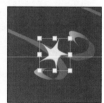

图 6.17 执行"置于顶图层"命令将对象移动到其子图层的顶部

图 6.18 在"正常绘图"模式下添加对象

图 6.19 在"背面绘图"模式下添加对象

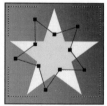

图 6.20 在"内部绘图"模式下添加对象

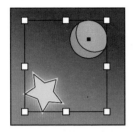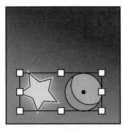

图 6.21 使用对齐面板垂直对齐选定对象

对齐和分布元素

使用对齐面板(执行窗口|对齐命令)和菜单命令可以整齐地对齐和分布对象。

对齐选定对象

选择两个或多个对象后,执行以下任一操作。

- 在对齐面板的对齐对象部分,单击一个或多个对齐选项(图6.21)。
- 执行"对象|对齐|[菜单选项]"命令。

分发选定对象

选择三个或更多对象后,执行以下操作(图 6.22)。

- 在对齐面板的分布对象区域中,单击一个或多个对齐选项。

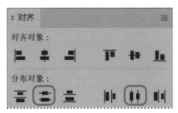

图 6.22 垂直然后水平分布选定对象

使用特定数量分发选定对象

选择三个或更多对象后,执行以下操作。

1. 在对齐面板的分布间距部分,在文本框中输入对象之间的间距。

2. 在分布对象区域中,选择一个或多个对齐选项。

将对象对齐或分布到关键对象

默认情况下，选定对象对于其边界框对齐或分布（图6.23）。要将其更改为关键对象，执行以下操作（图6.24）。

1. 选择要对齐或分布的对象。

2. 单击要用作关键对象的选定对象之一。

   在对齐面板的对齐部分中，对齐所选对象会自动处于活动状态，并且关键点对象周围会出现粗体轮廓。

3. 单击对齐面板的对齐对象或分布对象部分中的选项。

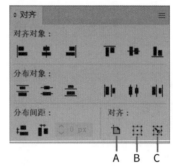

图 6.23
A. 对齐画板
B. 对齐所选对象
C. 对齐关键对象

TIP 如果看不到对齐部分，需在对齐面板菜单中选择"显示选项"选项。

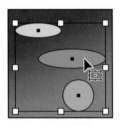
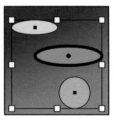
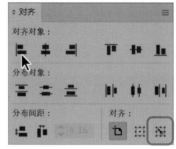
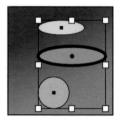

图 6.24 使用关键对象对齐对象

将对象对齐或分布到画板

执行以下操作。

1. 选择要对齐或分布的对象。

2. 在对齐面板的对齐部分中单击"对齐画板"按钮。

3. 按住Shift键，同时单击要使用的画板的空白区域。

4. 单击对齐面板的对齐对象或分布对象部分中的按钮。

 视频 6.2
对齐和分布对象

扫码看视频

7

选择元素

Adobe Illustrator提供了多种工具、模式和命令，帮助用户轻松准确地选择绘图元素。

本章内容

使用工具选择对象

Illustrator提供了多种选择元素的工具 (图7.1) 。

使用选择工具选择对象和组

执行以下任一操作。

- 单击对象或组 (图7.2) 。
- 单击并在对象或组上拖动选取框 (图7.3) 。

使用选择工具添加到选定内容

执行以下任一操作。

- 按住Shift键并单击未选定的对象或组 (图 7.4) 。
- 按住Shift键并单击, 然后在未选定的对象 或组上拖动选取框。

从选择中减去对象和组

在选择工具处于活动状态时, 执行以下任一 操作。

- 单击选定的对象或组。
- 在选定对象或组上单击并拖动选取框。

取消选择所有选定元素

执行以下任一操作。

- 使用选择工具, 单击文档或画板的空白部分。
- 执行"选择|取消选择"命令。

图7.1
A. 选择工具 B. 直接选择工具
C. 魔棒工具 D. 套索工具

图 7.2 通过单击选择工具选择对象

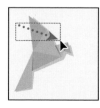
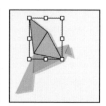

图 7.3 通过使用选择工具拖动选取框来选择对象

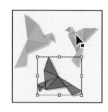

图 7.4 按住Shift键并使用选择工具单击未选定的组以将其添加到当前选择中

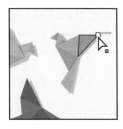

图 7.5 单击以使用直接选择工具选择点

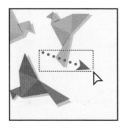

图 7.6 通过使用直接选择工具拖动选取框来选择路径和点

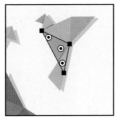

图 7.7 在对象路径内单击以使用直接选择工具选择其所有路径和点

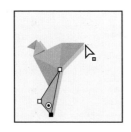
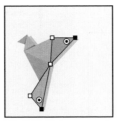

图 7.8 按住 Shift 键并使用直接选择工具单击未选定的点,以将其添加到当前选择中

使用直接选择工具选择路径或点

执行以下任一操作。

- 单击路径或点 (图7.5)。

- 单击并在路径或点上拖动选取框 (图7.6)。

使用直接选择工具选择对象

执行以下操作。

- 在对象路径内单击 (图7.7)。

使用直接选择工具添加到选定的路径或点

执行以下任一操作。

- 按住 Shift 键并单击未选定的路径或点 (图7.8)。

- 按住 Shift 键并单击,然后在未选定的对象或组上拖动选取框。

从选择中减去路径或点

在选择工具处于活动状态时,执行以下任一操作。

- 单击选定的路径或点。

- 单击并在选定对象或组上拖动选取框。

取消选择所有路径或点

执行以下任一操作。

- 使用直接选择工具,单击文档或画板的空白部分。

- 执行"选择|取消选择"命令。

使用编组选择工具选择组内的对象

在编组选择工具处于活动状态时,执行以下操作(图7.9)。

- 在文档窗口中,单击组中的对象。

使用编组选择工具选择对象的父组

在编组选择工具处于活动状态时,执行以下操作(图7.10)。

- 在文档窗口中选定对象后,再次单击该对象。

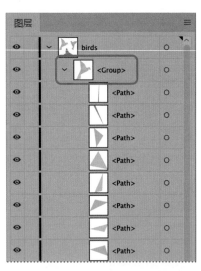
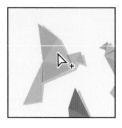
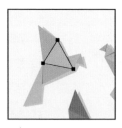
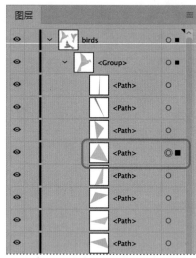

图 7.9 使用编组选择工具选择组内的对象,结果显示在图层面板中

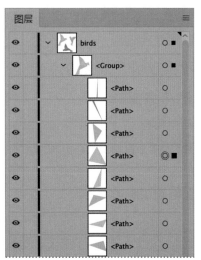

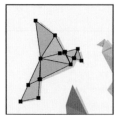
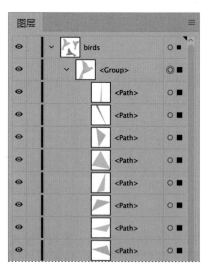

图 7.10 使用编组选择工具选择对象的父组,结果显示在图层面板中

图 7.11 使用魔棒工具选择具有相同填充的对象

图 7.12 使用魔棒工具添加到当前选定的对象

图 7.13 使用套索工具选择对象

图 7.14 使用套索工具选择点和路径

使用魔棒工具选择指定相同填充的对象

执行以下操作。

■ 单击指定填充的对象 (图7.11)。

使用魔棒工具添加到当前选择

执行以下操作。

■ 按住Shift键并单击未选定的对象 (图7.12)。

使用魔棒工具从当前选择中减去

执行以下操作。

■ 按Alt/Option键并单击选定对象。

使用套索工具选择对象

执行以下操作。

■ 单击并围绕对象绘制草图 (图7.13)。

使用套索工具选择点、路径和对象

执行以下操作。

■ 单击并在点和路径上绘制草图 (图7.14)。

视频 7.1
使用选择工具

扫码看视频

使用隔离模式

隔离模式使用户可以通过将元素和图层与作品的其余部分隔离，轻松地选择和编辑元素和图层。

在隔离模式下，所有其他元素都将变暗且不可选择。

TIP 在 Illustrator 中，元素可以是路径、组、光栅图像、网格等。

隔离图元

执行以下任一操作。

- 使用**选择**工具双击元素。

- 选中一个或多个元素后，单击控制面板中的"隔离选定的对象"按钮（图7.15）。

- 当一个或多个元素在图层面板中处于活动状态时，在面板菜单中选择"进入隔离模式"选项。

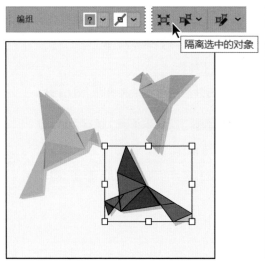

图 7.15 单击控制面板中的"隔离选中的对象"按钮激活隔离模式

在组中隔离路径

执行以下操作。

1. 使用直接选择工具或在图层面板中选择路径。

2. 在控制面板中，单击"隔离选中的对象"按钮。

TIP 继续双击隔离模式中的对象，可以进一步深入到嵌套组中。

隔离层或子层

执行以下操作。

1. 在图层面板中激活层。

2. 在面板菜单中选择"进入隔离模式"选项。

TIP 要了解有关使用层和组的更多信息，请参阅第6章。

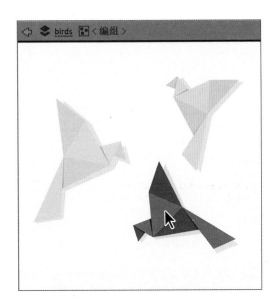

选择孤立组中的单个图元

当图元组处于隔离模式时，执行以下任一操作。

- 使用**选择**工具单击元素（**图7.16**）。
- 使用**直接选择**工具单击路径或点。
- 在图层面板中，选择元素。

退出隔离模式

执行以下任一操作。

- 按 **Esc** 键。
- 单击隔离模式栏上的任意位置。
- 使用**选择**工具在隔离组的外部双击。
- 取消选择孤立图元后，单击控制面板中的**"后移一级"**按钮。
- 单击隔离模式栏上的**"退出隔离模式"**按钮一次或多次。

TIP 如果嵌套图元已被隔离，第一次单击将返回一个级别，第二次单击将退出隔离模式。

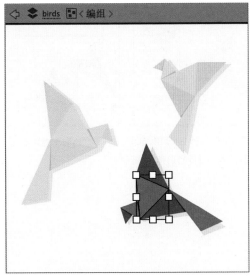

图 7.16 使用选择工具选择孤立组中的图元

使用命令选择对象

选择菜单提供了一些命令，可帮助用户有效地选择图稿中的所有对象，或基于其属性和种类的特定对象。

使用核心选择命令选择或取消选择对象(图 7.17)

执行以下任一操作。

- 执行"选择|全部"命令选择文档中的所有元素。

- 执行"选择|现用画板上的全部对象"命令选择当前画板上的所有元素。

- 执行"选择|取消选择"命令以取消选择所有当前选定的元素。

- 执行"选择|重新选择"命令以重新激活在上一操作中取消选择的所有元素的选择。

- 执行"选择|反向"命令选择所有未选中的元素，并取消选择当前选中的元素 (图7.18)。

图 7.17 核心选择菜单命令

TIP 当用户选择多个元素，然后意外地取消选择它们时，执行"选择|重新选择"命令特别有用。

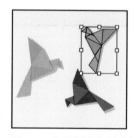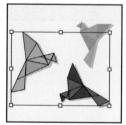

图 7.18 执行"选择|反向"命令以选择所有未选定的元素并取消选择当前选定的元素

 视频7.2
使用隔离模式和选择命令

扫码看视频

选择具有相同属性的对象

执行以下操作。

1. 选择具有指定属性的对象。

2. 执行"选择|相同"命令 (**图7.19**)。

图7.19 执行"选择|相同"菜单命令

TIP 要了解有关使用文本和类型的更多信息, 请参阅第11章。

保存选择

选择要保存的元素后, 执行以下操作 (**图7.21**)。

1. 执行"选择|存储所选对象"命令。

2. 为选择指定名称, 然后单击"**确定**"按钮。

选择保存的选择

执行以下操作。

- 从菜单底部执行"**选择|[保存的选择名称]**"命令。

选择同类的所有对象

执行以下操作。

1. 取消选择所有元素。

2. 执行"选择|对象"命令 (**图7.20**)。

TIP 需要为"同一图层上的所有对象"命令和"方向手柄"命令选择元素。

图 7.20 同类对象的菜单命令

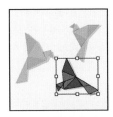

图 7.21 通过执行"选择|存储所选对象"命令保存选择

设置选择首选项

"选择和锚点显示"首选项允许用户调整像素选择和其他选项的容差，以满足用户的需要，特别是在处理复杂元素的路径和点时。

执行以下操作(图7:22)。

1. 选择其中之一

执行"Illustrator|首选项|选择和锚点显示"命令 (macOS)

执行"编辑|首选项|选择和锚点显示"命令（Windows）

2. 修改以下任一选项：

容差用于指定用于选择定位点的像素范围。（值越大，锚点周围的可单击区域就越大。）

"对齐点"将对象捕捉到定位点和辅助线。指定捕捉发生时对象与定位点或导向之间的距离。

"仅按路径选择对象"指定是否可以通过单击填充对象中的任意位置来选择填充对象。

TIP 需要在视图菜单中选择"对齐点"选项才能激活。

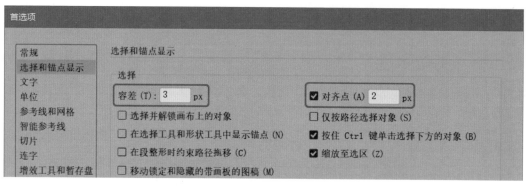

图7.22 "首选项"对话框的"选择"部分

8

自定义描边

描边不仅仅是对象的简单轮廓。Illustrator
提供了多种转换工具变成视觉丰富的元素。

选择描边

可以使用多种方法选择元素的描边 (可见轮廓)。

使用工具栏选择对象或活动描边颜色

执行以下操作 (图8.1)。

- 双击工具栏上的描边图标以打开**拾色器**。

TIP 要了解有关拾色器的更多信息, 请参阅第4章。

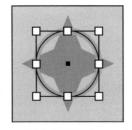
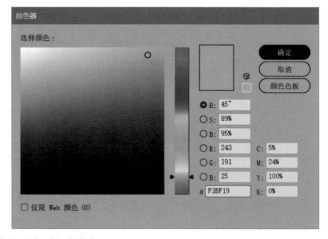

图 8.1 通过双击工具栏中的描边图标打开拾色器, 选择对象的描边

使用面板选择对象的描边颜色或粗细

在控制、属性或外观面板中, 执行以下操作 (图8.2)。

- 单击描边图标以打开色板面板并选择其他颜色。

- 在描边粗细选项中选择或输入新值。

TIP 要了解有关样本面板的更多信息, 请参阅第4章。

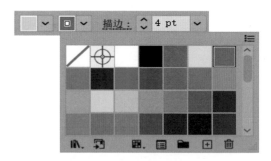

图 8.2 访问控制面板中的描边颜色和粗细选项

TIP 按住Shift键并单击控制面板上的填充或描边图标, 可以打开颜色面板而不是色板面板。

使用描边面板

用户可以从其他面板或窗口菜单中打开描边面板 (图8.3)。

单独打开描边面板

执行以下任一操作。

- 执行"**窗口|描边**"命令, 然后在面板菜单中选择"**显示选项**"选项。

- 在传统基本功能工作区中, 单击**描边面板**缩略图 (图8.4), 然后在面板菜单中选择"**显示选项**"选项。

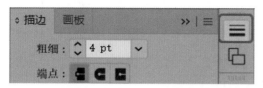

图 8.4 在缩略图访问描边面板(面板菜单高亮显示)

在其他面板访问描边面板

在控制、属性或外观面板中, 执行以下操作 (图8.5)。

- 单击描边按钮以打开面板。

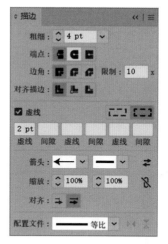

图8.3 描边面板

图 8.5 在属性面板中访问描边面板

更改描边粗细

在**描边**面板的**粗细**区域中，执行以下任一操作。

- 单击向上或向下箭头按钮以递增方式增加或减少粗细。

- 在文本框中输入新的数值。

- 单击下拉按钮并选择一个新数值（图8.6）。

更换描边端点

在**描边**面板的**端点**部分中，执行以下任一操作。

- 选择**平头端点**（默认）选项以将描边末端与路径对齐。

- 选择**圆头端点**选项以添加延伸的半圆端（图8.7）。

- 选择**端点**选项以添加延伸矩形端点。

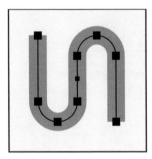
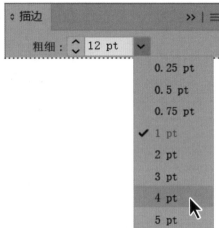
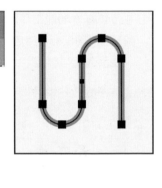

图 8.6 使用菜单减小对象的描边粗细

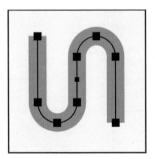
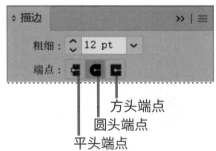
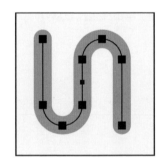

图 8.7 应用圆头端点前后的对象

更改描边的边角

在描边面板的角区域中，执行以下任一操作。

- 选择"**斜接连接**"（默认）选项以指定尖角。
- 选择"**圆角连接**"选项以指定椭圆角（图8.8）。
- 选择"**斜角连接**"选项以指定直角。

TIP 某些较窄边角可能需要增加"限制"值才能显示。

更改描边对齐方式

在描边面板的**对齐描边**区域中，执行以下任一操作。

- 选择"**描边居中对齐**"（默认）选项，沿对象轮廓的中间定位描边。
- 选择"**描边内侧对齐**"选项，在物体轮廓内定位描边（图8.9）。
- 选择"**描边外侧对齐**"选项，沿对象轮廓的外边缘定位描边。

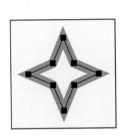
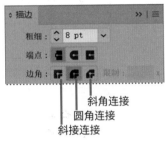

斜角连接
圆角连接
斜接连接

图 8.8 为边角应用圆角连接之前和之后的对象

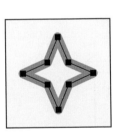

描边外侧对齐
描边内侧对齐
描边居中对齐

图 8.9 将使描边内侧对齐应用于描边之前和之后的对象

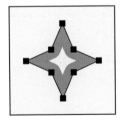

TIP 内侧和外侧对齐选项不能应用于开放路径。

指定虚线

在描边面板中，执行以下操作（图8.10）。

1. 选择虚线。

2. 指定虚线段长度。

3. 指定间隙空间长度。

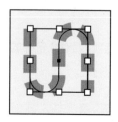

图 8.10 应用于路径的虚线属性

将虚线与拐角和路径端点对齐

要将所有虚线放置在对象的角上，以保持视觉一致性，执行以下操作。

- 选择将虚线与拐角和路径端点对齐，调整长度以适合选项（图8.12）。

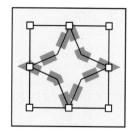

图 8.12 将虚线对齐应用于描边之前和之后的对象

指定虚线的间隙

在描边面板中，执行以下操作（图8.11）。

1. 选择虚线。

2. 选择圆头端点选项。

3. 输入0作为虚线线段长度。

4. 根据需要指定间隙空间长度。

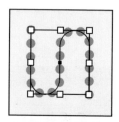

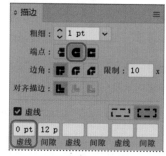

图 8.11 应用于路径的虚线属性

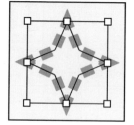

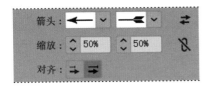

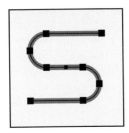 

图 8.13 应用和缩放箭头前后的路径

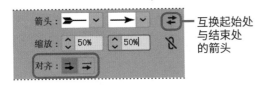
互换起始处
与结束处
的箭头

图 8.14 交换位置前后的箭头并延伸到路径之外

将箭头指定给路径

在**描边**面板中，执行以下任一操作 (图8.13)。

- 在菜单中为起点或终点选择箭头。

- 为箭头指定适当的**比例**。

TIP 箭头大小与描边宽度相关。

重新定位箭头

在**描边**面板中，执行以下任一操作 (图8.14)。

- 单击"互换起始处与结束处的箭头"按钮
  以反转箭头。

- 在对齐区域中，选择将箭头延伸到路径末端
  之外，或将其放置在尖端。

TIP 若还原路径方向，箭头也会交换位置。

应用不同的描边宽度

变量描边可以设置描边宽度的样式，并模拟传统的笔和笔刷描边。

选择变量宽度配置文件

在**描边**或控制面板中，执行以下操作 (图8.15)。

- 在菜单中选择一个配置文件。

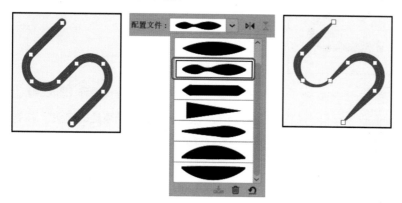

图 8.15 应用变量宽度轮廓前后的路径

翻转选定的变量宽度轮廓

执行以下任一操作 (图8.16)。

- 单击"**纵向翻转**"按钮以垂直翻转描边。

- 单击"**横向翻转**"按钮以水平翻转描边。

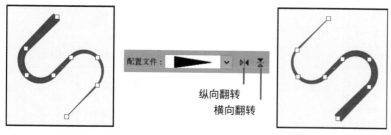

图 8.16 单击按钮可以前后翻转路径

图 8.17 工具栏中的宽度工具

使用宽度工具改变描边宽度

宽度工具 (图8.17) 允许用户创建自定义的变量宽度描边。

在**宽度**工具处于活动状态且用户要编辑的对象处于选中状态时，执行以下任一操作 (图8.18)。

- 单击并向外拖动以添加更宽的描边点。
- 单击并向内拖动以添加较细的描边点。

  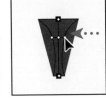 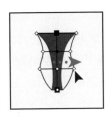 

图 8.18 使用宽度工具更改路径的描边

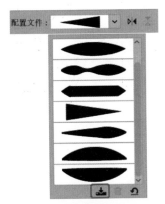

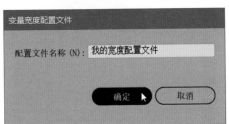

图 8.19 向轮廓添加自定义变量宽度描边

修改变量宽度描边

在**宽度**工具处于活动状态且要编辑的对象处于选定状态的情况下，执行以下操作。

1. 在现有宽度点或要调整的位置双击描边路径。

2. 在"变量宽度配置文件"对话框中调整设置，然后单击"确定"按钮 (图8.19)。

保存变量宽度描边

要将自定义变量宽度描边添加为轮廓，执行以下操作。

1. 选择变量宽度描边对象。

2. 在描边或控制面板中，单击宽度配置文件菜单。

3. 在菜单底部，单击添加到配置文件按钮。

4. 在"可变宽度纵断面"对话框中，输入纵断面名称，然后单击"确定"按钮。

将描边路径转换为对象

绘制描边轮廓可以快速将其转换为形状, 从而在编辑时提供额外的灵活性和控制。

从对象的描边创建形状

执行以下操作 (图8.20)。

1. 选择具有要转换的描边的对象。

2. 执行 "对象|路径|轮廓化描边" 命令。

3. (可选) 执行 "对象|取消编组" 命令从对象的填充元素中分离新形状。然后取消选择这两个元素, 并分别选择新形状。

TIP 将描边转换为形状后, 它只能通过执行 "编辑|重做" 命令恢复, 因此在转换描边之前, 需确保用户的作品处于最终形式。

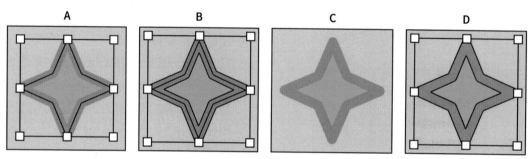

图 8.20

A. 选定的对象   B. 描边轮廓   C. 取消对元素分组并取消选择   D. 已选择新形状

视频 8.1
使用描边

扫码看视频

9

绘制直线、曲线和路径

笔和锚点编辑工具允许用户使用直线、曲线
或两者的组合创建路径。

本章内容

使用钢笔工具创建直线和曲线

使用钢笔工具 (图9.1) 可以轻松创建包含直线和曲线的直线、曲线和路径。

画一条直线

在钢笔工具处于活动状态时，执行以下操作（图9.2）。

1. 将光标放置在希望线开始的位置。

2. 单击以创建第一个锚点。

3. 将光标定位到希望线结束的位置。

4. 单击以创建第二个锚点。

图 9.1 工具栏中的钢笔工具

绘制直线路径

在钢笔工具处于活动状态时，执行以下操作（图9.3）。

1. 单击线的起点。

2. 继续单击以添加线段的定位点。

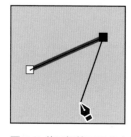
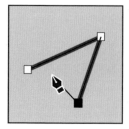

图 9.3 使用钢笔工具单击多个点绘制路径

TIP 单击时按Shift键会将钢笔工具约束为45°增量。

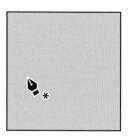

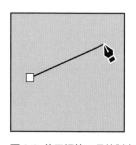

图 9.2 使用钢笔工具绘制直线段

使用钢笔工具绘制弧形曲线路径

在钢笔工具处于活动状态时，执行以下操作（图9.4）。

1. 将光标放置在曲线开始的位置。

2. 单击并拖动以设置曲线的坡度。

3. 将光标定位到希望曲线结束的位置。

4. 单击并沿上一个坡度方向的相反方向拖动。

5. 释放鼠标左键。

使用钢笔工具绘制S形曲线路径

在钢笔工具处于活动状态时，执行以下操作（图9.5）。

1. 将光标放置在曲线开始的位置。

2. 单击并拖动以设置曲线的坡度。

3. 将光标定位到希望曲线结束的位置。

4. 在与上一个坡度方向相同的方向上单击并拖动。

5. 释放鼠标左键。

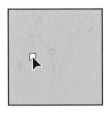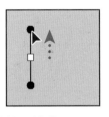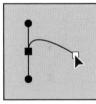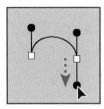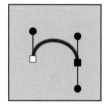

图 9.4 使用钢笔工具绘制圆弧曲线

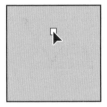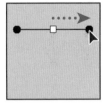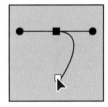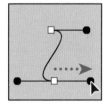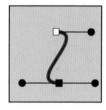

图 9.5 使用钢笔工具绘制S形曲线

TIP 要了解如何编辑现有路径，请参阅第14章。

在直线后绘制曲线

使用钢笔工具创建直线段后，执行以下操作（图9.6）。

1. 将钢笔工具放置在线条端点，直到出现转换点图标。

2. 单击并拖动以设置曲线的坡度。

3. 将光标定位到希望曲线结束的位置。

4. 单击或单击并拖动以设置曲线。

5. 释放鼠标左键。

在曲线后画一条直线

使用钢笔工具创建曲线段后，执行以下操作（图9.7）。

1. 将钢笔工具放置在曲线端点，直到出现转换点图标。

2. 单击以设置直线起点。

3. 将光标定位到希望线结束的位置。

4. 单击以设置终点。

5. 释放鼠标左键。

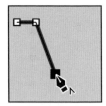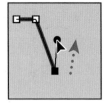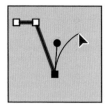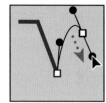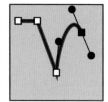

图 9.6 在直线后绘制曲线

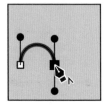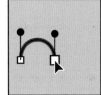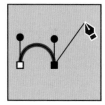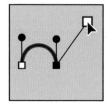

图 9.7 在曲线后绘制直线

TIP 用户还可以通过在添加锚点时单击并拖动光标，将角点和第二条曲线段添加到现有曲线。

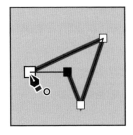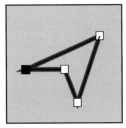

图9.8 单击以使用钢笔工具关闭直线路径

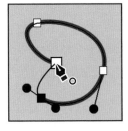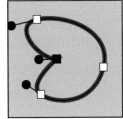

图9.9 单击以使用钢笔工具关闭弯曲路径

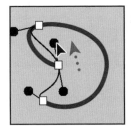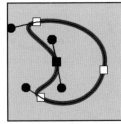

图9.10 单击并拖动以使用钢笔工具关闭弯曲路径

关闭直线路径

在钢笔工具处于活动状态时，执行以下操作（图9.8）。

1. 将光标悬停在第一个锚点上，直到出现一个带有钢笔工具图标的小圆圈。

2. 单击以关闭路径。

关闭弯曲路径

将光标悬停在第一个锚点上，直到出现一个带有钢笔工具图标的小圆圈，然后执行以下任一操作。

- 单击以关闭路径（图9.9）。

- 单击并拖动以关闭路径（图9.10）。

TIP 在闭合曲线时按Option/Alt键将断开闭合锚点的控制柄配对。

结束开放路径

执行以下任一操作。

- 按Enter键或Return键。

- 按 Esc键。

- 按 P键。

- 选择不同的工具。

- 执行"**选择|取消选择**"命令。

- 按住**Ctrl键单击**（Windows版本）或按**Com-mand键单击**（macOS版本）文档中的空白区域。

使用曲率工具

曲率工具 (图9.11) 组合并简化了笔工具的许多功能, 使用户可以直观地创建路径。每次单击时, 曲率工具调整曲线段以获得最平滑的形状。

图 9.11 工具栏中的"曲率"工具

使用曲率工具绘制平滑形状

在曲率工具处于活动状态时, 执行以下操作 (图9.12)。

1. 在两个位置单击以添加第一个线段点。

2. 使用橡皮筋预览作为指导, 添加其他点 (有关详细信息, 参阅"橡皮筋预览"侧栏)。

3. 通过单击起始锚点关闭对象。

使用曲率工具绘制开放的平滑路径

在曲率工具处于活动状态时, 执行以下操作。

1. 在两个位置单击以添加第一个线段点。

2. 使用橡皮筋预览作为指导, 添加其他点。

3. 按Esc键结束绘制路径。

 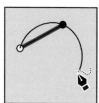  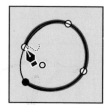 

图 9.12 通过单击以使用曲率工具添加点来绘制平滑形状

使用曲率工具添加角点

使用曲率工具创建线段时, 执行以下操作 (图9.13)。

- 双击以添加点。

TIP 使用曲率工具双击现有曲线点也会将其转换为角点。

    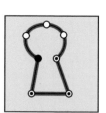

图 9.13 通过双击曲率工具添加点来绘制形状的角段

橡皮筋预览

橡皮筋预览是在默认情况下，钢笔工具和曲率工具根据光标的当前位置显示下一条路径段的预览。这有助于在绘制作品时精确定位工具。

但是，如果用户发现其让人分心，可以在"首选项"对话框的"选择和锚点显示"部分（**图9.14**）下将其关闭。

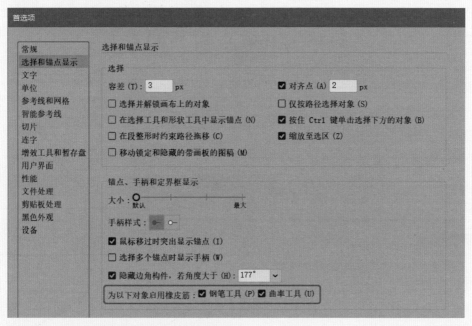

图 9.14 "首选项"对话框中的橡皮筋预览设置选项

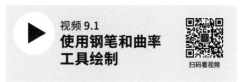

视频 9.1
**使用钢笔和曲率
工具绘制**

扫码看视频

使用线段工具组

线段工具组（图9.15）允许用户精确创建或手动绘制单线、圆弧、缓和曲线和轴网。

精确创建直线段

在直线段工具处于活动状态时，执行以下操作（图9.16）。

1. 将光标放置在希望直线段开始的位置。

2. 单击以打开"**直线段工具选项**"对话框。

3. 指定直线段的**长度**和**角度**。

4. （可选）如果要将当前填充指定给线段，除了描边之外，选择"**线段填色**"选项。

5. 单击"**确定**"按钮。

> **TIP** 仅当添加其他直线段时，才能以不同角度或曲线向直线段添加填充。

手动绘制直线段

在直线段工具处于活动状态时，执行以下操作（图9.17）。

- 单击并拖动以创建直线段。

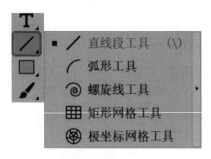

图 9.15 工具栏中的线段工具组

图 9.16 精确创建线段

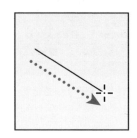

图 9.17 手动绘制直线段

精确创建圆弧

在弧形工具处于活动状态时,执行以下操作
(图9.18)。

1. 将光标放置在圆弧开始的位置。

2. 单击以打开"**弧线段工具选项**"对话框。

3. 单击"**参考点定位器**"上的点以设置圆弧
的原点。

4. 输入**X轴长度**(宽度)和**Y轴长度**(高度)。

5. 选择类型(开放或闭合)。

6. "**基线轴**"选择圆弧的方向。

   X轴是水平的。

   Y轴是垂直的。

7. 指定圆弧**坡度**的方向。

   凹面(负值)向内倾斜。

   凸面(正值)向外倾斜。

8. (可选)如果要将当前填充指定给圆弧,除
   了描边,勾选"**弧线填色**"复选框。

9. 单击"**确定**"按钮。

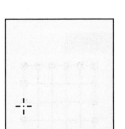

图 9.18 精确创建填充弧

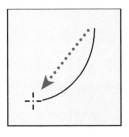

图 9.19 手动绘制圆弧

手动绘制圆弧

在弧形工具处于活动状态时,执行以下操作
(图9.19)。

- 单击并拖动以创建圆弧。

TIP 手动绘制的线段组元素使用"弧线段工具选
项"对话框中当前指定的设置。

精确创建螺旋线

激活螺旋线工具后,执行以下操作 (图9.20)。

1. 将光标定位到螺旋中心所在的位置。

2. 单击以打开"螺旋线"对话框。

3. 输入"半径"的大小 (距最外层线段中心的距离)。

4. 输入"衰减"的值 (每个螺旋风的减少百分比)。

5. 再输入"段数"(每个完整螺旋风有四个分段)。

6. 选择"样式"选项 (缓和曲线的方向)。

7. 单击"确定"按钮。

图 9.20 精确创建螺旋

手动绘制缓和曲线

在螺旋线工具处于活动状态时,执行以下操作。

1. 将光标定位到螺旋中心所在的位置。

2. 单击并拖动以创建螺旋线。

精确创建矩形网格

在矩形网格工具处于活动状态时,执行以下任一操作,然后单击"确定"按钮 (图9.21)。

1. 将光标放置在希望网格开始的位置。

2. 单击以打开"矩形网格工具选项"对话框。

3. 单击"参考点定位器"上的点以设置网格的原点。

4. 输入"宽度"和"高度"。

5. 输入水平 (行) 和垂直 (列) 分隔线的数量。

6. 指定倾斜 (分隔线的位置)。

7. 如果要用单独的矩形对象替换外部线段,需勾选"使用外部矩形作为框架"复选框。

8. 如果要将当前填充指定给网格,需勾选"填色网格"复选框。

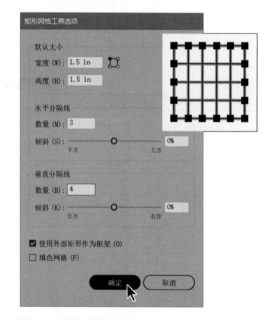

图 9.21 精确创建矩形网格

精确创建极坐标网格

在极坐标网格工具处于活动状态时，执行以下操作，然后单击"确定"按钮（图9.22）。

1. 将光标放置在希望网格开始的位置。

2. 单击以打开"极坐标网格工具选项"对话框。

3. 单击"参考点定位器"上的点以设置网格的原点。

4. 输入"宽度"和"高度"。

5. 输入同心（圆行）和径向（列）分隔线的数量。

6. 指定"倾斜"（分隔线的位置）。

7. 如果要每隔一个同心圆替换一个复合路径，需勾选"从椭圆形创建复合路径"复选框。

8. 如果要将当前填充指定给网格，需勾选"填色网格"复选框。

手动绘制矩形网格

在矩形网格工具处于活动状态时，执行以下操作。

1. 将光标定位到希望作为网格中心的位置。

2. 单击并拖动以创建网格。

手动绘制极坐标网格

在极坐标网格工具处于活动状态时，执行以下操作。

1. 将光标定位到螺旋中心所在的位置。

2. 单击并拖动以创建网格。

TIP 手动绘制的线段组元素使用"极坐标网格工具选项"对话框中当前指定的设置。

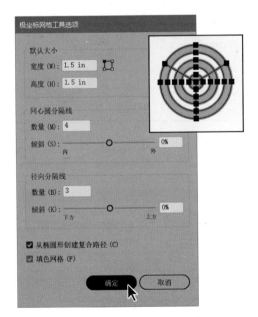

图 9.22 精确创建极坐标网格

 视频 9.2
使用线段工具组

扫码看视频

用铅笔工具绘图

铅笔工具（图9.23）允许用户使用传统的草图描边创建矢量路径。

徒手绘制开放的矢量路径

在铅笔工具处于活动状态时，执行以下操作（图9.24）。

1. 单击并拖动以绘制路径。
2. 释放鼠标左键以结束路径。

徒手绘制闭合的矢量路径

在铅笔工具处于活动状态时，执行以下操作（图9.25）。

1. 单击并拖动以绘制路径，终点朝向路径的起点。
2. 将光标悬停在路径的开始处，直到出现一个带有铅笔工具图标的小圆圈。
3. 释放鼠标左键以结束路径。

绘制直线段

在铅笔工具处于活动状态时，执行以下操作（图9.26）。

1. 按Alt/Option键。
2. 单击并拖动以绘制路径。
3. 释放鼠标左键以结束路径。

TIP 拖动时按Shift+Alt/Option快捷键将铅笔工具约束为45°增量。

为路径绘制其他线段

使用铅笔工具和激活的路径，执行以下操作。

- 单击路径起点或终点，然后继续绘制。

图 9.23 工具栏中的铅笔工具（位于Shaper工具下）

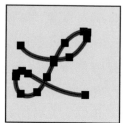

图 9.24 使用铅笔工具徒手绘制开放的向量路径

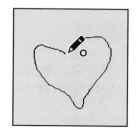

图 9.25 使用铅笔工具徒手绘制闭合的向量路径

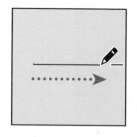

图 9.26 使用铅笔工具绘制直线路径

10

创建形状和符号

Illustrator提供了一组用于创建和自定义形状
的通用工具，使用符号功能有助于用户高效工
作和管理文件大小。

本章内容

创建矩形和正方形

矩形和圆角矩形工具（**图10.1**）让用户可以轻松地将矩形和方形对象添加到作品中。

手动绘制矩形

在**矩形工具**处于活动状态时，执行以下操作（**图10.2**）。

1. 将光标放置在矩形开始的位置。

2. 单击并对角拖动以设置矩形的大小。

3. 释放鼠标左键。

TIP 单击并拖动时按Alt/Option键可将矩形的中心设置为原点。

精确创建矩形

在**矩形工具**处于活动状态时，执行以下操作（**图10.3**）。

1. 将光标定位到矩形的左上角。

2. 单击以打开"**矩形**"对话框。

3. 输入**宽度**和**高度**的尺寸，然后单击"**确定**"按钮。

图 10.1 工具栏中的矩形和圆角矩形工具

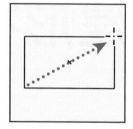 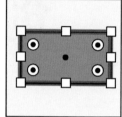

图 10.2 手动绘制矩形

 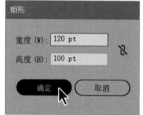 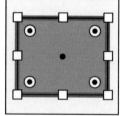

图 10.3 精确创建矩形

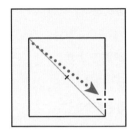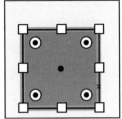

图 10.4 手动绘制正方形

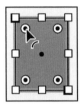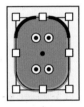

图 10.5 使用边角控件手动设置矩形的圆角

TIP 如果需要精确的矩形角半径，使用圆角矩形工具或在变换面板的矩形属性中输入半径来创建。

手动绘制正方形

在矩形工具处于活动状态时，执行以下操作（图10.4）。

1. 将光标放置在矩形开始的位置。

2. 按住Shift键，同时单击并沿对角线拖动以设置正方形的大小。

3. 释放鼠标左键。

圆角矩形或多边形对象的边角

在矩形、多边形或选择工具处于活动状态且矩形或多边形元素处于选定状态的情况下，执行以下操作（图10.5）。

1. 将光标悬停在边角控件上，直到光标显示为圆弧。

2. 单击并向内拖动以设置圆角。

TIP 如果边角构件不可见，执行"视图|显示边角构件"命令。

手动绘制圆角矩形或正方形

在圆角矩形工具处于活动状态时，执行以下操作。

1. 将光标放置在矩形开始的位置。

2. 单击并对角拖动以设置圆角矩形的大小。

3. 释放鼠标左键。

TIP 绘制时按Shift键会将圆角矩形约束为方形比例。

TIP 绘制时按向上或向下箭头键可以增加或减少圆角半径。

精确创建圆角矩形或正方形

在圆角矩形工具处于活动状态时，执行以下操作（图10.6）。

1. 将光标定位到圆角矩形的左上角。

2. 单击以打开"圆角矩形"对话框。

3. 输入宽度、高度和圆角半径的尺寸。

4. 单击"确定"按钮。

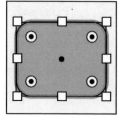

图 10.6 精确创建圆角矩形

修改默认角半径

要修改圆形的默认角半径，请执行以下操作。

1. 执行"编辑|首选项|常规"命令。

2. 在"首选项"对话框的常规部分中，输入新的"圆角半径"（图10.7）。

3. 单击"确定"按钮。

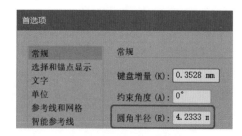

图 10.7 "首选项"对话框中的"圆角半径"设置

创建椭圆形、圆形和饼图

椭圆工具（**图10.8**）让用户轻松添加椭圆形对象、圆形对象和饼图。

手动绘制椭圆形或圆形

在椭圆工具处于活动状态时，执行以下操作（**图10.9**）。

1. 将光标放置在椭圆开始的位置。

2. 单击并对角拖动以设置椭圆的大小。

3. 释放鼠标左键。

TIP 单击并拖动时按住Shift键可将椭圆约束为圆。

图 10.8 工具栏中的椭圆工具

精确创建椭圆形或圆形

在椭圆工具处于活动状态时，执行以下操作。

1. 将光标定位到椭圆的左上角。

2. 单击以打开"椭圆"对话框。

3. 输入宽度和高度的尺寸，然后单击"**确定**"按钮。

从椭圆形或圆形创建饼图

在椭圆或选择工具处于活动状态且椭圆元素处于选定状态的情况下，执行以下操作（**图10.10**）。

1. 将光标悬停在弧形小部件上，直到光标显示饼图形状。

2. 单击并拖动弧形小部件，将饼图切片添加到椭圆中，或将椭圆转换为切片形状。

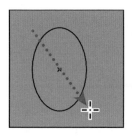 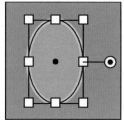

图 10.9 手动绘制椭圆形

TIP 单击并拖动时按Alt/Option键可将椭圆的中心设置为原点。

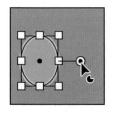 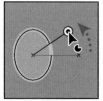 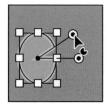 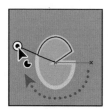 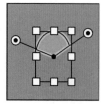

图 10.10 从椭圆创建饼图

创建多边形

多边形工具 (图10.11) 让用户轻松地将具有直边和角度相等的形状添加到作品中。

手动绘制多边形

在多边形工具处于活动状态时, 执行以下操作 (图10.12)。

1. 将光标定位到多边形中心所在的位置。
2. 单击并对角拖动以设置多边形的大小。
3. 释放鼠标左键。

TIP 单击并拖动时按住Shift键可以约束多边形的角度, 创建多边形时不允许旋转。

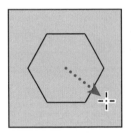 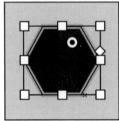

图 10.12 手动绘制多边形

TIP Illustrator中手动绘制的多边形的默认边数为六条。

图 10.11 工具栏中的多边形工具

精确创建多边形

在多边形工具处于活动状态时, 执行以下操作。

1. 将光标定位到多边形中心所在的位置。
2. 单击以打开"多边形"对话框。
3. 输入半径和边数的数量, 然后单击"确定"按钮。

修改现有多边形的边数

在多边形或选择工具处于活动状态且多边形元素处于选定状态的情况下, 执行以下操作 (图10.13)。

1. 将光标悬停在角点上, 直到光标显示+/-图标。
2. 单击并向上拖动角点以减少或向下拖动以增加边数。

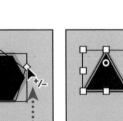 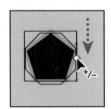 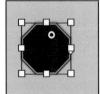

图 10.13 减少和增加多边形边的数量

创建星形

星形工具（图10.14）让用户可以轻松地将定制的星形添加到作品中。

手动绘制星形

激活星形工具，执行以下操作（图10.15）。

1. 将光标放置在希望是星形中心的位置。

2. 单击并对角拖动以设置星形的大小。

3. 释放鼠标左键。

图 10.15 手动绘制星形

TIP 绘制时按Shift键可约束星形的星形角度，创建时不允许旋转。

TIP 绘制时按Command/Ctrl键可约束半径2（外部）的大小。

TIP 绘制时按向上或向下箭头键可以增加或减少点数。

图 10.14 工具栏中的星形工具

精准绘制星形

激活星形工具，执行以下操作（图10.16）。

1. 将光标放置在希望是星形中心的位置。

2. 单击以打开"星形"对话框。

3. 输入半径1（外部）和半径2（内部）的大小，并输入角点数。

4. 单击"确定"按钮。

TIP 较大的半径将用作外半径。如果半径1较小，则星形将颠倒，但只有当其点数为奇数时才能注意到这一点。

视频 10.1
创建基本形状

扫码看视频

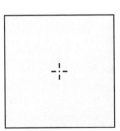 

图 10.16 精确绘制星形

将对象保存为符号

如果需要重新使用已创建的形状和对象，使用符号面板（执行窗口|符号命令）将其保存为符号，帮助用户高效工作并管理文件大小。

从对象创建符号

在符号面板打开的情况下，执行以下操作。

1. 选择对象。

2. 执行以下任一操作。

   - 单击并将图片拖到符号面板中（**图10.17**）。
   - 单击面板底部的"**新建符号**"按钮。
   - 在面板菜单中选择"**新建符号**"选项。

3. 根据需要自定义符号，然后单击"**确定**"按钮（**图10.18**）。

TIP 选择动态符号（默认）可以替代符号实例的外观，同时保留原始符号。

使用符号

在符号面板中，执行以下操作。

- 将符号拖到文档窗口。

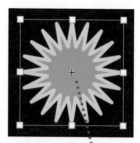
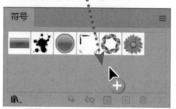

图 10.17 单击并将对象拖动到符号面板上

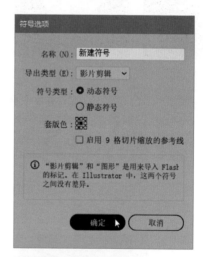

视频 10.2
使用符号

扫码看视频

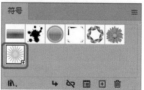

图 10.18 将新符号添加到符号面板

添加和自定义文字

Illustrator提供了强大的功能，可将自定义文字添加到用户的作品中。可以将简单的文字转换为引人注目的视觉元素。

本章内容

添加文字

Illustrator 提供了三种向图片添加水平或垂直文字的方法: 点、区域 (文字框) 和在路径上输入 (图11.1) 。

TIP 点文字从该点沿一行流动, 直到按Return或Enter键。点文字的比例也与区域文字不同。

添加点文字

执行以下操作 (图11.2) 。

1. 选择文字或直排文字工具。

2. 单击文字开始的位置。

3. 输入文字。

4. 通过单击远离文字的位置取消选择文字, 或通过单击 "选择" 工具选择文字。

图 11.2 添加点文字

TIP 默认情况下, 当使用文字工具或直排文字工具时, Illustrator会在开始输入文字之前添加占位符文字。

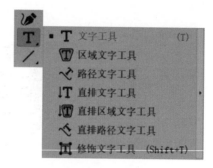

图 11.1 工具栏中的文字工具组

TIP 了解调整文字的工具, 参阅本章的 "自定义字符设置" 部分。

添加区域文字

执行以下操作 (图11.3) 。

1. 选择文字或直排文字工具。

2. 单击并对角拖动以定义文字边界。

3. 输入文字。

4. 通过单击远离文字的位置取消选择文字, 或通过单击选择工具选择文字。

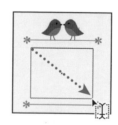

图 11.3 添加区域文字

调整区域以适合文字

如果定义的边界太小或太大，无法容纳文字，执行以下操作之一。

- 通过拖动边界框定位来调整尺寸。
- 双击边界框底部的中间控制柄，使框架的长度适合文字（图11.4）。

图11.4 双击底部区域文字控制柄以调整框架来容纳文字

TIP 要了解有关文字流和调整过多文字的更多信息，参阅本章的"管理文字内容"部分。

将区域文字转换为点文字

执行以下操作。

- 双击边界框右侧的中间控制柄（图11.5）。

图 11.5 双击右侧的区域文字框控制柄以将其转换为点文字

将点文字转换为区域文字

执行以下操作。

- 双击边界框右侧的中间控制柄。

使用形状作为边界添加区域文字

执行以下操作（图11.6）。

1. 选择文字、直排文字、区域文字或直排区域文字工具。

2. 单击形状边缘上的任意位置。

3. 输入文字。

4. 通过单击远离文字的位置取消选择文字，或通过单击**选择**工具取消选择文字。

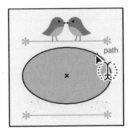

图 11.6 使用形状作为边界添加区域文字

TIP 要定义点文字或区域文字的新行，只需按Enter键或Return键。

将文字添加到开放路径

执行以下操作 (图11.7)。

1. 选择文字、直排文字、路径文字或直排路径文字工具。

2. 单击希望文字开始的路径边缘。

3. 输入文字。

4. 通过单击**选择**工具取消选择文字。

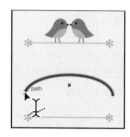

图 11.7 将文字添加到开放路径

将文字添加到闭合路径或形状

执行以下操作。

1. 选择路径文字或直排路径文字工具。

2. 单击形状边缘上的任意位置。

3. 输入文字。

4. 通过单击**选择**工具取消选择文字。

沿路径手动调整文字位置

执行以下操作 (图11.8)。

1. 使用选择工具选择文字。

2. 单击并沿路径拖动中间锚点或其中一个末端锚点。

图 11.8 通过拖动中间锚点调整文字路径

在路径位置上翻转文字

执行以下操作（图11.9）。

1. 使用选择工具选择文字对象。

2. 单击并沿路径拖动中间的锚点。

图 11.9 在路径位置上翻转文字

将路径属性应用于文字

选择文字路径后，执行以下操作。

- 执行"文字|路径文字|[属性名称]"（图 11.10）。

图 11.10 设置路径效果

调整路径文字的对齐方式

选择文字路径后，执行以下操作。

1. 双击路径工具上的文字或执行"文字|路径 文字|路径文字选项"命令。

2. 在"路径文字选项"对话框中选择对齐路径 的方式（图11.11）。

3. 单击"确定"按钮以应用更改（图11.12）。

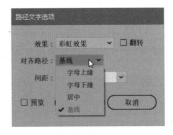

图 11.11 选择基线选项

图 11.12 路径对齐效果

选择字体

Illustrator允许用户轻松地选择和预览可用字体，并提供下载其他字体的快速访问方式。

访问字符面板

字符面板中提供字体和其他排版设置。要访问面板，请执行以下任一操作。

- 执行"窗口|文字|字符"命令以独立打开面板（图11.13）。

- 选中文字后，单击控制面板中的字符（图11.14）。

- 选择文字后，在属性面板中在字符下，单击"更多选项"按钮（图11.15）。

图 11.13 字符面板

图 11.14 单击控制面板中的字符以访问字符面板

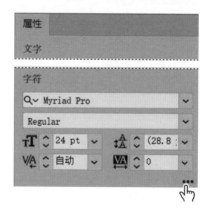

图 11.15 单击属性面板中的"更多选项"按钮以访问字符面板

TIP 也可以执行"文字|字体|[字体名称]"命令选择字体。

关于字体样式

Illustrato支持多种字体。

O OpenType 是Adobe和Microsoft为macOS和Windows平台创建的格式。

a Type 1 字体由Adobe开发，并已被OpenType字体广泛取代。

VAR Variable 是一种OpenType格式，允许用户灵活调整属性，如粗细、宽度和斜度。

TT TrueType 由Apple开发，是一种适用于macOS和Windows平台的跨平台格式。

SVG SVG 是一种为字形和表情符号设计的OpenType格式，允许单个字符具有多种颜色和渐变。

MM Multiple Master 由Adobe开发，类型多种，已被OpenType变量字体广泛取代。

☁ Adobe Fonts 可通过Creative Cloud订阅获得。该库包含数千种字体。

复合字体 是为东亚语言开发的，并已被OpenType字体广泛取代。

图 11.16 在字体下拉菜单中选择字体

选择字体系列

选择文字或文字对象后，执行以下操作（图11.16）。

1. 在字符、控制或属性面板中，单击"字体"下拉菜单按钮。

2. 在菜单中选择新字体。

TIP 如果用户知道字体的名称，也可以在"字体系列"字段中输入。

TIP 显示的字体系列取决于用户系统上安装的字体，以及应用了哪些过滤器。

字体搜索选项

在**字体系列菜单**的过滤器中，执行以下任一操作（图11.17）。

- 单击"**按分类过滤字体**"按钮然后选择要包括的分类和属性选项（图11.18）。

- 单击"**显示收藏的字体**"按钮，仅显示已选为收藏夹的字体。

TIP 有关向收藏夹添加字体的示例，参见图11.20。

- 单击"**显示最近添加**"按钮，将显示的字体数限制为仅显示最近添加过的字体（默认情况下为十个）。

- 单击"**显示已激活的字体**"按钮，仅显示Adobe字体库中被激活的字体。

图 11.17
A. 按分类过滤字体
B. 显示收藏的字体
C. 显示最近添加
D. 显示已激活的字体

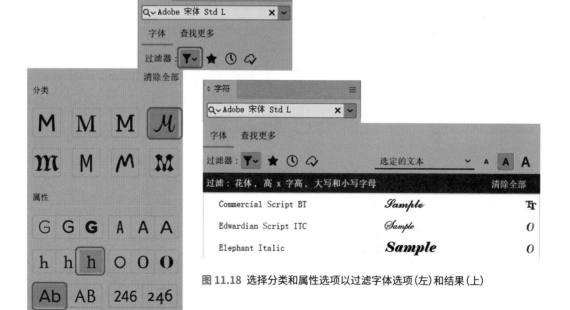

图 11.18 选择分类和属性选项以过滤字体选项（左）和结果（上）

查找相似字体

执行以下操作（图11.19）。

- 将光标悬停在字体上，然后单击"显示相似字体"图标。

将字体添加到收藏夹

执行以下操作（图11.20）。

- 将光标悬停在所选字体上，然后单击"添加到收藏夹"图标。

图 11.19 单击以显示相似的字体

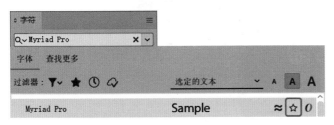

图 11.20 单击"添加到收藏夹"图标

应用字体样式

选择文字或文字对象后，执行以下操作（图11.21）。

1. 在**字符、控制**或**属性**面板中，单击“设置字体系列”菜单按钮。

2. 在下拉菜单中选择新样式。

图 11.21 **在菜单中选择字体样式**

修改变量字体

选择变量字体文字或文字对象后，执行以下操作（图11.22）。

1. 在**字符、控制**或**属性**面板中，单击“变量字体”按钮。

2. 使用滑块或输入新值来调整设置。

图 11.22 **调整变量字体**

TIP 要了解有关可变字体的更多信息，参阅本章的“关于字体样式”侧栏。

自定义字符设置

Illustrator提供了许多自定义文字字符的选项。

调整字体大小

调整文字大小，执行以下操作。

1. 使用文字或选择工具选择文字。

2. 在字符、控制或属性面板中，通过单击"**字体大小**"（**图11.23中的A**）菜单按钮并在列表中选择参数或在字段中输入新值来调整大小。

TIP 也可以通过执行"文字|大小|[字体大小]"命令来更改字体大小。

调整字符间距

要调整两个字符之间的间距，执行以下操作（图11.24）。

1. 在**文字**工具处于活动状态时，在两个字符之间单击。

2. 在字符、控制或属性面板中，通过单击"**字符间距**"（**图11.23中的B**）菜单按钮并在列表中选择参数或在字段中输入新距离来调整间距。

图 11.24 使用文字工具在两个字符之间单击，然后将间距增加到200

TIP 使用选择工具选择文字对象。文字工具可以选择单个字符或范围。

图 11.23
A. 字体大小　　B. 字符间距
C. 行距　　　　D. 所选字符的间距

调整行间距

要调整文字行间距，执行以下操作。

1. 使用文字或选择工具选择文字。

2. 在字符、控制或属性面板中，通过单击"**行距**"（**图11.23中的C**）菜单按钮并在列表中选择参数或在字段中输入新值来调整间距。

调整所选字符之间的间距

调整所选字符之间的间距，执行以下操作。

1. 使用文字或选择工具选择文字。

2. 在字符、控制或属性面板中，通过单击"**所选字符的间距**"（**图11.23中的D**）菜单按钮并在列表中选择参数或在字段中输入新的值来调整间距。

调整比例

使用字符面板（图11.25中的A和C）调整字符的垂直或水平比例，执行以下操作（图11.26）。

1. 使用文字或选择工具选择文字。

2. 在字符面板中，通过单击"**垂直缩放**"或"**水平缩放**"菜单按钮并在列表中选择新的百分比或在字段中输入新的百分比来调整比例。

调整基线偏移

使用字符面板（图11.25中的B）相对于周围的文字基线向上或向下移动字符，执行以下操作（图11.27）。

1. 使用**文字**工具选择字符。

2. 在**字符**面板中，通过单击"**基线偏移**"菜单按钮并在列表中选择数值或在字段中输入新的数值来调整位置。

TIP 输入正数将字符移到基线上方，输入负数则将字符移动到基线下方。

旋转字符

使用字符面板（图11.25中的D）单独旋转选定的字符，执行以下操作（图11.28）。

1. 使用**文字**工具选择字符。

2. 在**字符**面板中，通过单击"**字符旋转**"菜单按钮并在列表中选择数值或在字段中输入新数值来调整旋转。

TIP 输入负数顺时针旋转字符，输入正数则逆时针旋转字符。

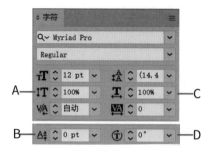

图 11.25

A. 垂直缩放　B. 基线偏移　C. 水平缩放　D. 字符旋转

TIP 如果所有字符设置选项都不可见，请从面板菜单中选择"显示选项"以显示它们。

图 11.26 增加选定字符的水平缩放比例

图 11.27 将选定字符移动到基线上方

图 11.28 逆时针旋转选定字符

图 11.29

A. 全部大写字母　　　B. 小型大写字母
C. 上标　　　　　　　D. 下标
E. 下画线　　　　　　F. 删除线

全部大写字母

小型大写字母

上标

下标

下画线

删除线

图 11.30 应用文字处理

TIP 可以在"文件|文档设置|文字"中修改缩放、上标和下标基线偏移百分比。

应用文字处理

要使用**字符**面板（**图11.29**）对选定字符应用文字处理，请执行以下任一操作（**图11.30**）。

- 单击**全部大写字母**按钮以大写显示每个选定字符。

- 单击**小型大写字母**按钮可将小写字母指定给选定的字符。

- 单击**上标**按钮将基线上移并减小所选字符的比例。

- 单击**下标**按钮将基线下移并减小所选字符的比例。

- 单击**下画线**按钮以在所选字符下方添加下划线。

- 单击**删除线**按钮以在选定字符之间添加一条线。

使用修饰文字工具

要使用修饰文字工具隔离和修改单个字符，执行以下操作（**图11.31**）。

1. 选择**修饰文字**工具（位于**文字**工具组之内）。

2. 单击要修改的字符，然后使用边界框重新定位、缩放或旋转字符。

图 11.31 使用修饰文字工具变换字符

自定义段落设置

访问段落面板

段落面板中提供对齐、段落之间的距离和缩进设置（图11.32）。要访问面板，执行以下操作之一。

- 执行"窗口|文字|段落"命令单独打开面板。
- 选中文字后，单击控制面板中的"段落"按钮（图11.33）。
- 选择文字后，在属性面板中的段落右下角单击"更多选项"按钮（图11.34）。

图 11.32 段落面板

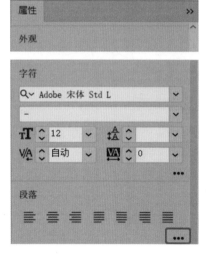

图 11.34 单击属性面板中的"更多选项"按钮以访问段落面板

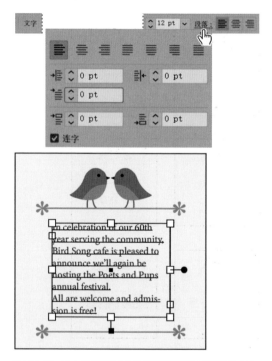

图 11.33 单击控制面板中的"段落"按钮以访问选定文字对象的段落面板

图 11.35 亮显居中对齐选项

图 11.36 对齐选项高亮显示,并选中末行居中对齐

调整对齐方式

要设置所选段落的对齐方式,执行以下操作 (图 11.35)。

- 在段落面板中选择对齐选项。

调整两端对齐方式

两端对齐的段落与文字框的左右边缘对齐。要确定最后一行的位置,执行以下操作之一。

- 在段落面板中选择两端对齐选项,包括左、中、右或全对齐 (图11.36)。
- 要更具体地设置对齐选项,需在段落面板菜单中打开"**字距调整**"对话框并自定义设置 (图11.37)。

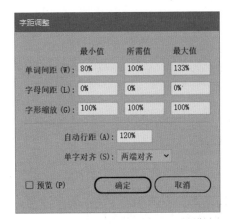

图 11.37 "字距调整"对话框

使用段落面板应用缩进

修改选定段落及其垂直边界之间的间距，执行以下操作之一。

- 在"**左缩进**"或"**右缩进**"设置中选择或输入新值，以缩进整个段落（图11.38）。

- 在第一行"**左缩进**"设置中选择或输入新值，仅缩进段落的第一行（图11.39）。

确定段落间距

选定文字后，执行以下任一操作。

- 在**段落面板**中，在"**段前间距**"选项中选择或输入新值。

- 在**段落面板**中，在"**段后间距**"选项中选择或输入一个新值（图11.40）。

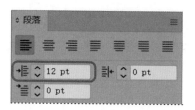

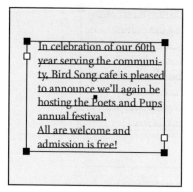

图 11.38 设置段落文字左缩进

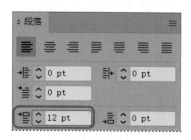

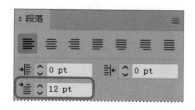

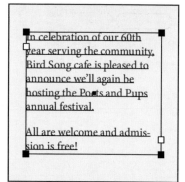

图 11.40 设置段前间距

图 11.39 设置段落文字第一行缩进

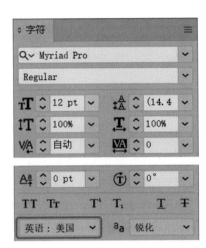

图 11.41 字符面板中的语言选项菜单

TIP 如果语言菜单在字符面板中不可见，请从面板菜单中选择显示选项即可显示。

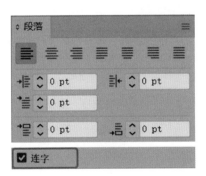

图 11.42 段落面板中的连字选项

设置断字选项

要确定选中的行和文字如何打断，执行以下任一操作。

- 在字符面板中选择一种语言，以确定文字的划分方式（**图11.41**）。

- 在段落面板中（图11.42）勾选或取消勾选"连字"复选框。

- 要更具体地设置连字选项，需在段落面板菜单中选择"连字"选项，打开"连字"对话框并自定义设置（**图11.43**）。

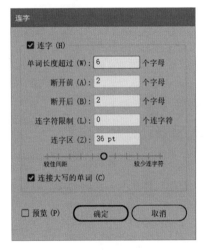

图 11.43 "连字"对话框

调整区域文字位置

要指定选定区域文字在其框架内的垂直位置，
执行以下操作。

- 在控制或属性面板的区域文字部分选择一
  个选项（图11.44）。

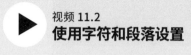

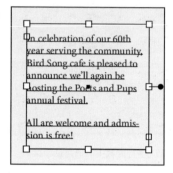

图 11.44 更改区域文字的垂直位置和结果

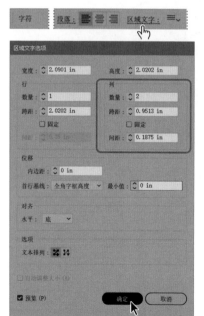

修改区域文字选项

"区域文字选项"对话框为选定文字提供了其
他格式选项，例如列数和跨距大小。要打开此对
话框，执行以下任一操作（图11.45）。

- 单击控制面板中的"区域文字"按钮。

- 在属性面板的区域文字部分单击"确定"
  按钮。

图 11.45 打开"区域文字选项"对话框，增加列数

使用制表符

制表符面板（图11.46）允许用户设置缩进和添加制表位。

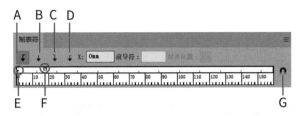

将制表符面板与文字对齐

选定文字后，执行以下操作。

- 单击文字上方的"位置面板"按钮（图11.46中的G）。

应用首行缩进

选定文字后，执行以下任一操作。

- 向右拖动第一行缩进标记（图11.47）。

- 选择第一行缩进标记，并在X字段中输入正值。

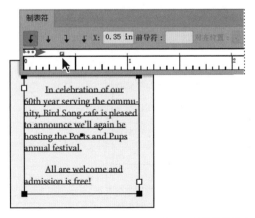

图 11.47 拖动第一行缩进标记以缩进所选段落的首行

TIP 要访问制表符面板，执行"窗口|文字|制表符"命令。

图 11.46

A. 左对齐	**B.** 居中对齐
C. 右对齐	**D.** 小数点对齐
E. 左缩进标记	**F.** 第一行缩进标记
G. 位置面板	

应用悬挂缩进

选定文字后，执行以下任一操作。

- 向右拖动左缩进标记（图11.48）。

- 选择左缩进标记并在X字段中输入正值。

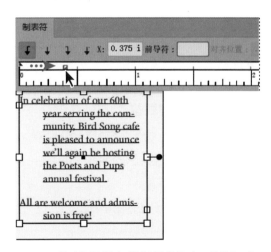

图 11.48 拖动左缩进标记缩进所选段落，但不缩进第一行

TIP 如果需要制表符面板显示较长的标尺，需单击并拖动面板的下角以调整其大小。

将制表位应用于文字

执行以下任一操作 (图11.49) 。

- 使用文字工具，单击要插入制表位的文字，然后按Tab键。

- 在制表符面板中，单击一个对齐按钮。

- 在制表符面板中，沿标尺单击或输入X值以添加制表位。

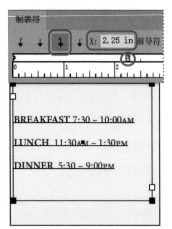 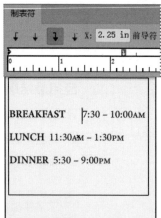 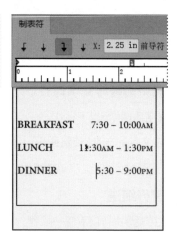

图 11.49 将右对齐选项卡添加到所选文字，并在行中插入制表位

将引线应用于制表位

选中文字和制表位，执行以下操作 (图11.50) 。

- 在引线字段中，输入1~8个字符，然后按Enter键或Return键。

 句点和空格是常见的前导字符。

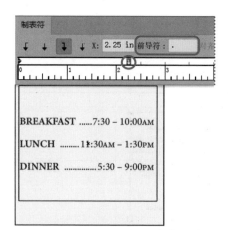

图 11.50 将引线添加到制表位

视频 11.3
使用制表符面板

扫码看视频

使用字符和段落样式

如果重复使用某些格式属性，可以使用**字符样式和段落样式**面板保存文字属性，以帮助用户保持一致性和高效工作。

创建字符或段落样式

选择格式化字符后，执行以下任一操作。

- 单击"**创建新样式**"按钮以使用默认名称添加新样式。

- 在面板菜单中选择"**新建字符样式**"或"**新建段落样式**"选项，然后在对话框中输入名称并单击"**确定**"按钮（图11.51）。

TIP 要访问字符样式或段落样式面板，需执行"**窗口|文字|字符样式或段落样式**"命令。默认情况下，它们组合在一起。

应用字符或段落样式

执行以下操作（图11.52）。

1. 使用文字工具，选择要应用样式的字符或段落。

2. 在字符样式或段落样式面板中单击样式。

TIP 如果使用创建新样式按钮，可以通过双击名称重命名新样式。

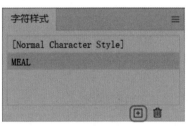

图 11.51 从选定文字创建新字符样式

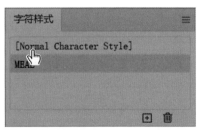

图 11.52 将字符样式应用于选定文字

修改字符或段落样式

执行以下操作（图11.53）。

1. 在**字符样式**或**段落样式**面板中，选择样式。

2. 双击要修改的样式。

3. 根据需要自定义设置，单击"**确定**"按钮。

TIP 也可以在"新建字符样式"和"新建段落样式"对话框中自定义样式。修改样式时，应用该样式的任何文字的格式都将更新。

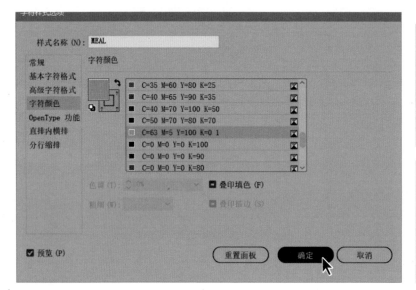

图 11.53 修改字符样式的字符填充颜色

使用特殊字符

Illustrator 提供了几种工具, 用于向文字中添加特殊字符。

TIP 特殊字符选项取决于字体。

插入符号

执行以下操作 (图11.54) 。

1. 使用文字工具, 单击要插入符号的文字。

2. 在字形面板中, 双击要插入的符号。

图 11.54 使用字形面板插入符号

使用字形面板替换单个字符

执行以下操作 (图11.56) 。

1. 使用类型工具, 选择角色。

2. 在字形面板中, 双击符号以替换选定字符。

TIP 要访问字形面板, 需执行 "窗口|文字|字形" 命令。

使用上下文菜单将单个字符替换为符号

执行以下操作 (图11.55) 。

1. 使用文字工具, 选择字符。

2. 在自动显示的关联菜单中选择替代符号。

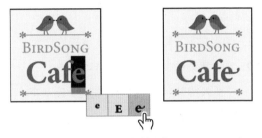

图 11.55 使用关联菜单选择替代符号

图 11.56 使用字形面板替换字符

应用OpenType格式

执行以下操作。

1. 使用文字或选择工具，选择指定了要自定义的OpenType字体的文本。

2. 在OpenType面板中（图11.57），选择要应用于符号的规则。

使用文字菜单插入特殊字符、空白字符和中断字符

执行以下操作。

1. 使用文字工具，单击要插入字符的文本。

2. 在文字菜单中，选择以下选项之一。

   "插入特殊字符"以选择符号、连字符、破折号和引号（图11.58）。

   "插入空白字符"以选择特定比例的空格字符（图11.59）。

   执行"插入分隔符|强制换行符"命令以插入新行而不开始新段落。

TIP 要访问OpenType面板，请执行"窗口|文字|OpenType"命令。

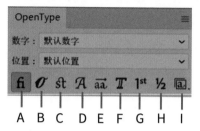

图 11.57

A. 标准连字　　B. 上下文替代字　　C. 自由连字

D. 花饰字　　　E. 文体替代字

F. 标题替代字　　G. 序数字

H. 分数字　　　I. 风格组合

图 11.58 在类型菜单中选择插入特殊字符

图 11.59 在类型菜单中选择插入空白字符

管理文本内容

Illustrator 提供了许多用于管理文本内容的工具，包括导入文本、查找文字和调整文本流。

将文本作为新文件导入

执行以下操作（**图11.60**）。

1. 执行"**文件|打开**"命令。

2. 在"**打开文件**"对话框中，选择文本文档，然后单击"**打开**"按钮。

3. （可选）如果要打开Word文档，选择要自定义的项，然后单击"**确定**"按钮。

将文本导入现有文件

执行以下操作（**图11.61**）。

1. 执行"**文件|置入**"命令。

2. 在"**置入**"对话框中，选择文本文档，然后单击"**置入**"按钮。

3. （可选）如果要打开Word文档，选择要自定义的项，然后单击"**确定**"按钮。

将文本导出为文本文档

执行以下操作。

1. 使用文字工具，选择文本。

2. 执行"**文件|导出|导出为**"命令。

3. 选择"**文本格式（TXT）**"作为"**格式**"。

4. 输入文件名。

5. 单击"**导出**"按钮。

6. 在"**文本导出选项**"对话框中，选择平台和编码方法，然后单击"**导出**"按钮（**图11.62**）。

TIP Illustrator 支持导入大多数Microsoft Word（.doc和.docx）格式，以及rtf格式和纯文本格式（.txt）。

图 11.60 在Illustrator中打开的Microsoft Word文档

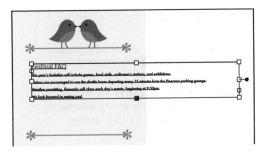

图 11.61 放置在现有Illustrator文件中的Microsoft Word文档

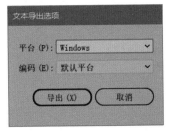

图 11.62 选择导出文本的平台和编码方法

搜索文本

要搜索文本，执行以下操作 (**图11.63**)。

1. 执行"**编辑|查找和替换**"命令。

2. 在对话框的**查找**字段中输入要搜索的文本。

3. 单击"**查找**"按钮，搜索后选择文本。

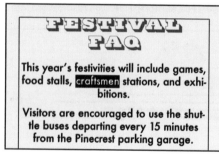

图 11.63 搜索文本

替换文本

要替换文本，执行以下操作 (**图11.64**)。

1. 在"**查找和替换**"对话框中，在"**替换为**"字段中输入**替换的文本**。

2. （可选）通过选择任何适当的选项来优化搜索和替换参数。

3. 单击以下任一选项。
   - "**替换**"选项仅替换所选查找到的单词。
   - "**替换和查找**"选项在替换找到的文本后继续搜索。
   - "**全部替换**"选项可以替换在文件中找到的所有文本实例。

4. 单击"**完成**"按钮。

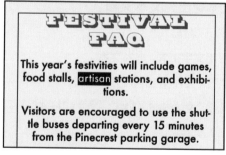

图 11.64 替换文本

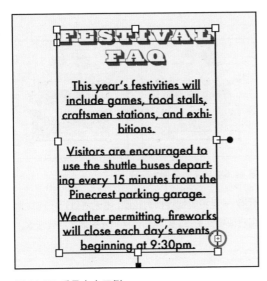

图 11.65 重叠文本示例

调整重叠文本框的大小

重叠指的是不适合其边界的文本。这由右下角带有加号的红色方框表示（图11.65）。

要调整重叠文本框的大小，执行以下操作之一。

- 拖动边界框锚点以调整文本大小（图11.66）。
- 双击边界框底部的中间控制柄，使框架的长度适合文本。

链接文本

链接是指添加链接框架以容纳额外的文本。若要对重叠文本进行链接处理，执行以下操作（图11.67）。

1. 双击重叠文本图标。

2. 单击或单击并拖动以添加链接文本框。

图 11.66 调整文本框大小以容纳重叠文本

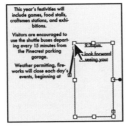

图 11.67 添加螺纹文本框以容纳重叠文本

将文本转换为轮廓

当与没有所需字体的人共享文件或编辑文本形状时，将文本转换为路径（轮廓）非常有用。

要将选定文本转换为复合路径，执行以下操作（图11.68）。

1. 执行"文字|创建轮廓"命令。

2. （可选）要编辑路径、发布组和复合路径，可以执行"对象|取消编组"命令。或"对象|复合路径|释放"命令。

图 11.68 将文本转换为路径

TIP 一旦将类型转换为轮廓，将无法进行任何文本编辑或格式更改，因此须确保事先完成了所有修改。

使用画笔和草图工具

Illustrator 提供了多种徒手绘制工具，允许用户复制传统的绘制技术并使用徒手方法创建对象。

本章内容

使用画笔面板

使用画笔工具绘制时，画笔面板（图12.1）提供画笔样式选项。画笔也可以应用于现有路径。

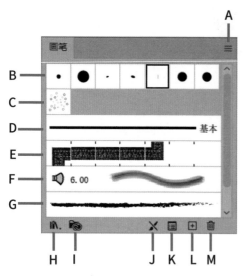

图 12.1

A. 面板菜单　　B. 书法画笔

C. 散点画笔　　D. 默认描边（从路径中移除画笔描边）

E. 图案画笔　　F. 毛刷

G. 艺术画笔　　H. 画笔库菜单

I. 库面板　　　J. 移去画笔描边

K. 所选对象的选项

L. 新建画笔

M. 删除画笔（从文件和面板中删除画笔）

TIP 画笔面板中显示的画笔取决于文档。

画笔的类型

Illustrator提供的不同类型的画笔实现了非常多不同的效果。

 书法画笔复制书法描边，并沿路径居中。

 散点画笔沿路径随机散布对象的副本。

 画笔沿着路径的长度均匀地拉伸形状。

 毛刷复制了传统的毛刷笔触。

 图案画笔沿路径放置重复的平铺图案。

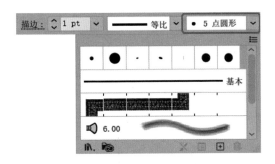

图 12.2 从控制面板访问画笔面板

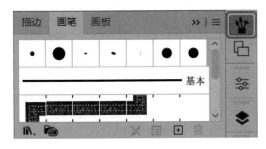

图 12.3 通过单击缩略图访问画笔面板

访问画笔面板

执行以下任一操作。

- 执行"窗口|画笔"命令。

- 在控制面板中，选择"画笔定义"选项或打开下拉列表（图12.2）。

- 在工作区中，单击画笔缩略图（图12.3）。

"画笔"面板显示选项

在"画笔"面板菜单（图12.4）中，执行以下任一操作。

- 选择或取消选择"显示[画笔类型名称]"以显示或隐藏画笔类型。

- 选择缩略图视图以图形方式显示画笔，或选择列表视图以查看更多详细信息。

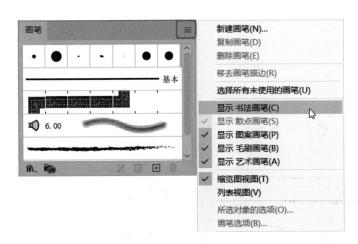

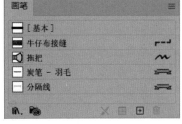

图 12.4 取消选择显示书法画笔并选择列表视图后，画笔面板菜单的显示选项和面板

将画笔应用于现有路径

执行以下操作（图12.5）。

1. 选择对象或对象的路径。

2. 在画笔面板中，单击要应用的画笔。

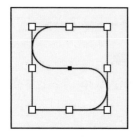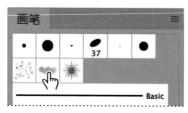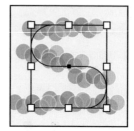

图 12.5 将散点画笔应用于选定对象的路径

从路径中移去画笔描边

在选定对象或对象路径的情况下，在"画笔"面
板中执行以下任一操作。

- 单击"移去画笔描边"按钮（图12.6）。
- 在面板菜单中选择"移去画笔描边"选项。
- 选择**基本**选项。

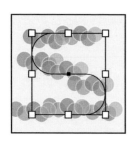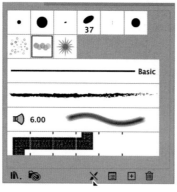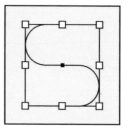

图 12.6 从选定对象的路径中移去散点画笔

复制画笔

在画笔面板中，执行以下操作（**图12.7**）。

1. 单击要复制的画笔。

2. 在面板菜单中选择"**复制画笔**"选项。

TIP 在对画笔进行任何更改之前，复制一份画笔通常是一个好方案。

修改画笔

执行以下操作（**图12.8**）。

1. 在画笔面板中，双击要更改的画笔以打开"**艺术画笔选项**"对话框。

2. 重命名画笔或调整设置。

3. 单击"**确定**"按钮。

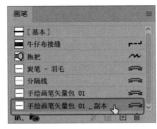

图 12.7 复制画笔

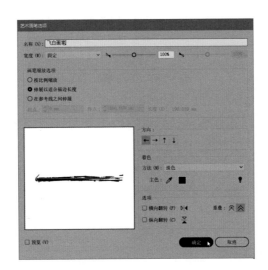

图 12.8 修改画笔

TIP 要了解有关画笔类型选项的更多信息，参阅本章的"创建画笔"部分。

视频 12.1
使用画笔面板

扫码看视频

12 使用画笔和草图工具　149

使用画笔库

画笔库(图12.9)提供了Illustrator附带的多种预设画笔集合。

访问画笔库

执行以下任一操作。

- 执行"窗口|画笔库"命令,然后在子菜单中选择一个库。

- 在画笔面板中,单击画笔库菜单,然后在子菜单中选择一个库(图12.10)。

- 在画笔面板中,单击画笔库菜单,然后在子菜单中选择一个库。

- 在画笔面板中,单击"加载上一个画笔库"或"加载下一个画笔库"按钮。

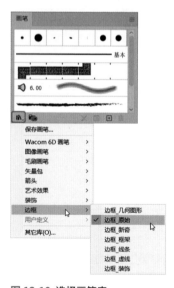

图 12.10 选择画笔库

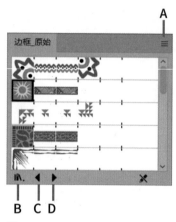

图 12.9

A. 面板菜单

B. 画笔库菜单

C. 加载上一个画笔库

D. 加载下一个画笔库

将画笔库添加到"画笔"面板

在画笔库面板中,执行以下任一操作。

- 单击画笔。

- 按住Shift键并单击以选择多个画笔,然后在面板菜单中选择"添加到画笔"选项。

- 按住Shift键并单击以选择多个画笔,然后将它们拖到画笔面板上。

在库中查找画笔类型

某些画笔库使用的名称与画笔面板中的名称不同。下面是要查找的画笔类型的位置。

书法画笔

·   艺术效果|书法。
·   Wacom 6D画笔|6D艺术钢笔画笔。

散点画笔

·   箭头|标准。
·   艺术效果|艺术油墨。
·   装饰|装饰散布。
·   装饰|典雅的卷曲和花形画笔组。
·   图像画笔|图像画笔库。
·   Wacom 6D画笔|6D艺术钢笔画笔。

艺术效果画笔

·   箭头|特殊。
·   箭头|标准。
·   艺术效果|（艺术书法除外）。
·   装饰|横幅和封条。
·   装饰|文本分隔线。
·   装饰|典雅的卷曲和花形画笔组。
·   图像画笔|图像画笔库。
·   矢量包|（全部）。

图案

·   边框|（全部）。
·   箭头|图案箭头。
·   装饰|典雅的卷曲和花形画笔组。
·   图像画笔|图像画笔库。

将画笔库应用于路径

执行以下操作（图12.11）。

■   选定对象或对象路径后，单击画笔库以将其应用于**画笔面板**。

TIP 将画笔库应用于路径会自动将其添加到画笔面板。

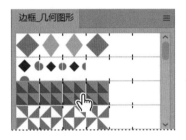

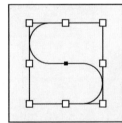 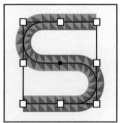

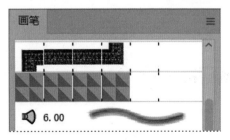

图 12.11 将画笔库应用于路径并将其添加到画笔面板

创建画笔

用户可以为任何画笔类型创建自己的画笔, 并将画笔集合保存为库。

创建书法画笔

执行以下操作 (图12.12) 。

1. 在画笔面板中, 单击"新建画笔"按钮或在面板菜单中选择"新建画笔"选项。

2. 在"新建画笔"对话框中, 选中"书法画笔"单选按钮, 然后单击"确定"按钮。

3. 在"书法画笔选项"对话框中, 输入新画笔的名称。

4. 根据需要调整画笔设置, 然后单击"确定"按钮将新画笔添加到画笔面板。

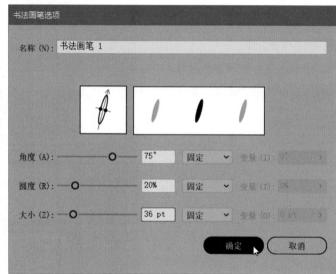

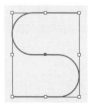

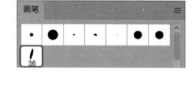

图 12.12 创建并应用新的书法画笔

"书法画笔选项"对话框设置

以下是创建或修改书法画笔时可以应用的设置。

· **"角度"**设置画笔的旋转。

· **"圆度"**设置画笔是圆形还是椭圆形。100%的设置应用圆形画笔，较低的百分比创建椭圆形画笔。

· **"大小"**设置画笔的长度。

对于**角度**、**圆度**和**大小**设置，还有以下附加选项。

· **"固定"**表示画笔对设置没有变化。

· **"随机"**允许在开始绘制时对设置进行随机更改。

· **"变量"**决定施加变化压力时发生的变化量。

如果用户使用的是平板电脑或手写笔，还可以使用以下选项。

· 如果使用的是图形数字化仪，则压力对于通过根据绘图笔的压力改变设置来确定直径最有用。

· 如果用户使用的喷枪笔的笔筒上有一个手写笔滚轮，并且有一个可以检测到该笔的图形板，则手写笔滚轮会改变其应用的直径和其他选项。

· 如果用户使用的图形板可以检测笔与垂直线的接近程度，则倾斜对于设置圆度最有用，它可以根据绘图笔的角度改变设置。

· 如果使用可以检测笔倾斜方向的图形板，则方向角对于设置角度最有用。

TIP 要修改现有的书法画笔，双击画笔面板中的画笔以打开"书法画笔选项"对话框。

创建散点画笔

执行以下操作（图12.13）。

1. 选择新画笔的对象。

2. 在画笔面板中，单击"**新建画笔**"按钮或在面板菜单中选择"**新建画笔**"选项。

3. 在"**新建画笔**"对话框中，选中"**散点画笔**"单选按钮，然后单击"**确定**"按钮。

4. 在"**散点画笔选项**"对话框中，输入新画笔的名称。

5. 根据需要调整画笔设置，然后单击"**确定**"按钮，将新画笔添加到画笔面板。

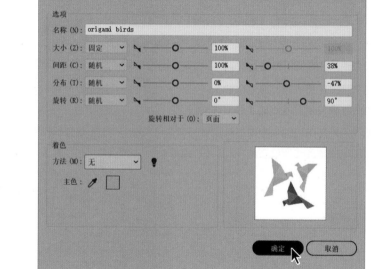

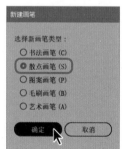

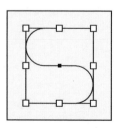
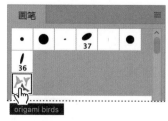
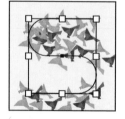

图 12.13 创建并应用新的散点画笔

"散点画笔选项"对话框设置

以下是创建或修改散点画笔时可以应用的设置。

- "大小"设置画笔的直径。
- "间距"设置作品元素之间的距离。
- "分布"设置对象沿路径的距离（负值在右侧，正值在左侧）。
- "旋转"设置对象的角度。
- "旋转相对于"设置角度是相对于页面还是路径。

在"大小""间距""分布"和"旋转"设置中，还有以下附加选项。

- "固定"表示画笔对设置没有变化。
- "随机"允许设置的随机变化。
- "变化"表示如果选择了该设置，则"变化"指定"随机"的范围。

如果用户使用的是平板电脑或手写笔，还可以使用以下附加选项。

- 如果使用的是图形数字化仪，则压力对于确定大小和密度最为有用，方法是根据绘图笔的压力改变设置。
- 如果用户使用的喷枪笔的笔筒上有一个触针轮，并且有一个可以检测到该笔的图形板，则触针轮的大小和密度会有所不同。
- 如果使用可以检测笔倾斜方向的图形板，则方向角对于设置旋转最有用。
- 如果用户使用的绘图板可以检测到笔在手指之间的旋转，则旋转对于设置画笔的旋转最有用。

使用着色设置，可以使用以下选项设置画笔的颜色。

- "无"会使颜色与为画笔选择的原始对象相同。
- "色调"使用活动描边颜色替换黑色元素，其他颜色元素转换为描边颜色的变体。白色元素将保持不变。
- "淡色和暗色"将活动描边颜色的色调和着色用于画笔描边。50%的灰色被描边颜色替代。100%的黑色和白色保持不变。
- "色彩转换"将"关键颜色"（默认情况下为插图中的突出颜色）转换为活动描边颜色，并按比例旋转色轮中的所有其他画笔颜色。当用户将作品的所有链接颜色移动到不同的颜色时，就像在"重新着色艺术品"功能中使用色轮一样。

> **TIP** 要修改现有的散点画笔，双击画笔面板中的画笔，以打开"散点画笔选项"对话框。

创建艺术画笔

执行以下操作（图12.14）。

1. 选择新画笔的对象。

2. 在画笔面板中，单击"**新建画笔**"按钮或在面板菜单中选择"**新建画笔**"选项。

3. 在"**新建画笔**"对话框中，选中"**艺术画笔**"单选按钮，然后单击"**确定**"按钮。

4. 在"艺术画笔选项"对话框中，输入新画笔的名称。

5. 根据需要调整画笔设置，然后单击"**确定**"按钮，将新画笔添加到画笔面板。

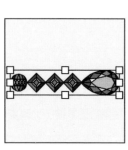

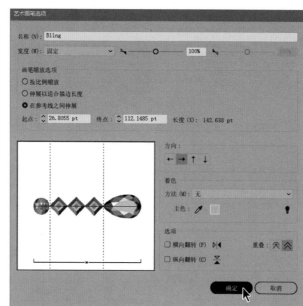

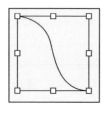

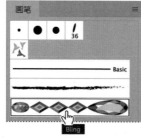

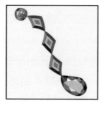

图 12.14 创建并应用新的艺术画笔

"艺术画笔选项"对话框设置

以下是创建或修改艺术画笔时可以应用的设置。

"宽度"用于修改画笔相对于原始对象的宽度。宽度设置是固定的,除非用户使用的是平板电脑或手写笔,在这种情况下,还可以使用以下其他选项。

· 如果使用的是图形数字化仪,则压力对于通过根据绘图笔的压力改变设置来确定宽度最有用。

· 如果用户使用的喷枪笔的笔筒上有一个触针轮,并且有一个可以检测到该笔的图形板,则触针轮会改变宽度。

· 如果用户使用的绘图板可以检测笔与垂直方向的接近程度,则"倾斜"对于设置宽度最有用,它可以根据绘图笔的角度改变设置。

· 如果使用可以检测笔倾斜方向的图形板,则方向角对于设置旋转最有用。

· 如果用户使用的绘图板可以检测到笔在手指之间的旋转,则旋转对于设置画笔的旋转最有用。

"画笔缩放选项"确定画笔是按比例缩放、拉伸以适合路径的长度,还是在指定的导向之间拉伸线段。

"方向"确定将画笔设计应用于路径(穿过或沿着)的方向。

使用**"着色"**设置,可以使用以下选项设置画笔的颜色。

· **"无"**会使颜色与为画笔选择的原始对象相同。

· **"淡色"**使用活动描边颜色替换黑色元素,其他颜色元素转换为描边颜色的变体。白色元素将保持不变。

· **"淡色和暗色"**将活动描边颜色的色调和着色用于画笔描边。50%的灰色被描边颜色替代。100%的黑色和白色保持不变。

· **"色相转换"**将**"关键颜色"**(默认情况下为插图中的突出颜色)转换为活动描边颜色,并按比例旋转色轮中的所有其他画笔颜色。将作品的所有链接颜色移动到不同的颜色时,就像在**"重新着色艺术品"**功能中使用色轮一样。

使用**"选项"**设置,可以进行以下选项设置。

"横向翻转""纵向翻转"可以更改画笔相对于路径的方向。

"重叠"选项允许用户设置是否调整角度以避免重叠和折叠。

TIP 要修改现有的画笔,双击画笔面板中的画笔以打开"画笔选项"对话框。

创建毛刷画笔

执行以下操作（图12.15）。

1. 选择新画笔的对象。

2. 在画笔面板中，单击"新建画笔"按钮或在面板菜单中选择"新建画笔"选项。

3. 在"新建画笔"对话框中，选中"毛刷画笔"单选按钮，然后单击"确定"按钮。

4. 在"毛刷画笔选项"对话框中，输入新画笔的名称。

5. 根据需要调整画笔设置，然后单击"确定"按钮，将新画笔添加到画笔面板。

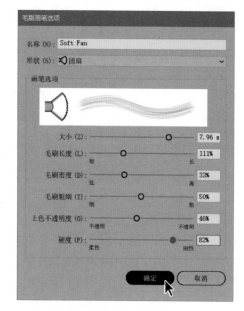

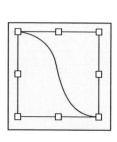

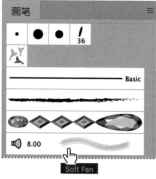

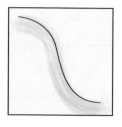

图 12.15 创建并应用新的毛刷画笔

"毛刷画笔选项"对话框设置

以下是创建或修改毛刷画笔时可以应用的设置。

- **形状**下拉列表提供了10个传统的画笔模型预设。

- **大小**设置画笔的直径。

- **毛刷长度**设置鬃毛从尖端到与画笔柄接触的位置的长度。

- **毛刷密度**根据画笔大小和鬃毛长度设置定义区域中的鬃毛数量。

- **毛刷粗细**决定鬃毛的粗细程度。数值越小，鬃毛越细。

- **上色不透明度**确定正在应用的绘制的透明度。数值越小越透明。

- **硬度**决定鬃毛的硬度。数值越小，鬃毛越柔软。

TIP 要修改现有的毛刷画笔，双击画笔面板中的画笔，以打开"毛刷画笔选项"对话框。

创建图案画笔

执行以下操作（图12.16）。

1. 在**色板**面板中，添加要用于画笔的图案样例。

2. 在**画笔**面板中，单击"**新建画笔**"按钮或在面板菜单中选择"**新建画笔**"选项。

3. 在"**新建画笔**"对话框中，选中"**图案画笔**"单选按钮，然后单击"**确定**"按钮。

4. 在"**图案画笔选项**"对话框中，输入新画笔的名称。

5. 根据需要调整画笔设置，然后单击"**确定**"按钮，将新画笔添加到画笔面板。

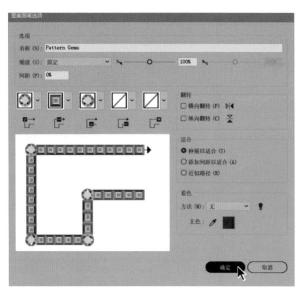

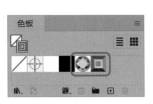

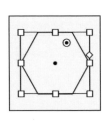

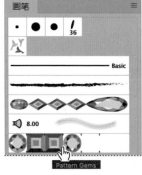

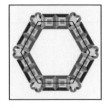

图 12.16 创建并应用新的图案画笔

"图案画笔选项"对话框设置

以下是创建或修改图案画笔时可以应用的设置。

"缩放"设置图案相对于原始对象的大小。缩放设置是固定的，除非使用的是平板电脑或手写笔，在这种情况下，以下选项也可用。

· 如果使用的是图形数字化仪，则压力对于通过根据绘图笔的压力改变设置来确定比例最有用。

· 如果用户使用的喷枪笔的笔筒上有一个手写笔轮，并且有一个可以检测到该笔的图形板，则手写笔轮会改变比例。

· 如果用户使用的是可以检测笔与垂直方向的接近程度的图形平板电脑，则"倾斜"对于通过根据绘图笔的角度改变来设置比例最有用。

· 如果使用可以检测笔倾斜方向的图形板，则方向角对于设置旋转最有用。

· 如果用户使用的绘图板可以检测到笔在手指之间的旋转，则旋转对于设置画笔的旋转最有用。

间距设置图案之间的距离。

单击**"平铺"**按钮可以访问色板面板中的图案，以将不同的平铺应用于路径的不同部分。

"翻转"选项沿路径或跨路径进行镜像画笔描边（由一系列平铺组成）。

"适合"选项确定是拉伸还是压缩平铺以适配路径长度，是添加空间以适配道路，还是大致适配平铺以适应路径长度。

使用**"着色"**设置，可以通过"方法"下拉列表设置图案的颜色。

· **"无"**会使颜色与为画笔选择的原始对象相同。

· **"色调"**使用活动描边颜色替换黑色元素，其他颜色元素转换为描边颜色的变体。白色元素将保持不变。

· **"淡色和暗色"**将活动描边颜色的色调和着色用于画笔描边。50%的灰色被描边颜色替代。100%的黑色和白色保持不变。

· **"色相转换"**将**"关键颜色"**（默认情况下为插图中的突出颜色）转换为活动描边颜色，并按比例旋转色轮中的所有其他画笔颜色。当用户将艺术品的所有链接颜色移动到不同的颜色时，就像在**"重新着色艺术品"**功能中使用色轮一样。

TIP 要修改现有的图案画笔，双击画笔面板中的画笔以打开"图案画笔选项"对话框。

管理画笔

保存画笔后可以从其他文档访问。删除画笔会将其从活动文档及其"画笔"面板中删除。

将文档画笔保存为库

执行以下操作。

1. 在画笔面板中，根据需要选择要保存的画笔。

2. 在面板菜单中选择"将画笔存储为库"选项。

3. 在"将画笔存储为库"对话框中，输入库的名称。

4. 接受Illustrator Brushes文件夹的默认路径（推荐）或选择特定位置保存文件。

5. 单击"保存"按钮。

TIP 将画笔保存为库后，可以访问"用户定义"下的库。

 视频 12.2
使用画笔库

扫码看视频

删除画笔

执行以下操作（图12.17）。

1. 在画笔面板中，选择要移除的画笔。

2. 单击"删除画笔"按钮，或在面板菜单中选择"删除画笔"选项。

3. 单击"是"按钮确认要移除的画笔。

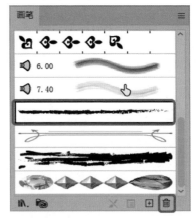

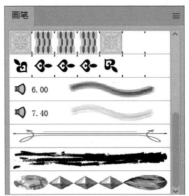

图 12.17 删除画笔

TIP 删除未使用的画笔有助于管理文档的文件大小。

使用画笔工具绘图

画笔工具（图12.18）使用当前的设置填充或描边，并在使用它进行绘制时将其转换为画笔描边。

图 12.18 工具栏中的画笔工具

绘制路径

选择画笔工具，执行以下操作（图12.19）。

1. 将光标放置在要开始绘制的位置。

2. 单击并拖动以绘制路径。

3. 释放鼠标左键。

TIP 画笔面板必须包含使用画笔工具的笔刷。

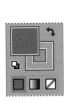   

图 12.19 使用活动颜色绘制以创建描边路径

TIP 也可以通过选择和重新定位定位点来调整绘制的路径。

TIP 必须在"画笔工具选项"对话框中激活"编辑所选路径"，才能修改路径。

调整绘制的路径

执行以下操作（图12.20）。

1. 使用选择工具选择绘制的路径。

2. 使用画笔工具，将光标定位到要调整路径的位置，然后单击并拖动。

3. 释放鼠标左键。

  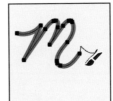 

图 12.20 调整绘制的路径

自定义画笔工具选项

执行以下操作。

1. 双击画笔工具以打开"**画笔工具选项**"对话框（**图12.21**）。

2. 设置以下任一选项。

   • 调整"保真度"以调整曲线，方法是添加点以提高精度，或删除点以提高平滑度。

   • 如果要对路径应用填充，需勾选"填充新画笔描边"复选框。

   • 勾选"保持选定"复选框以在绘制路径后保持其为活动状态。

   • 勾选"编辑所选路径"复选框以允许修改路径。

   • 对于"范围"，调整像素数以确定光标在路径上需要多少距离才能进行编辑。

3. 单击"**确定**"按钮。

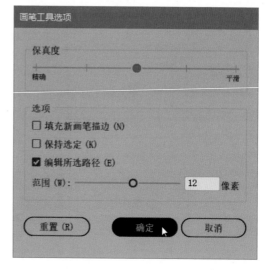

图 12.21 "画笔工具选项"对话框

使用斑点画笔工具绘图

斑点画笔工具（**图12.22**）在绘制时应用书法描边，并自动将重叠描边合并到填充（通常是复合）路径中。

TIP 描边必须具有相同的画笔填充才能合并，但可以具有不同的画笔大小设置。

图 12.22 在工具栏中选择斑点画笔工具

绘制填充的复合路径

选择斑点画笔工具后，执行以下操作（**图12.23**）。

通过执行以下任一操作设置描边宽度。

- 在控制、属性或描边面板中，选择或输入描边粗细。

- 双击斑点画笔工具以打开"斑点画笔工具选项"对话框并调整画笔选项。

- 在画笔面板中选择书法画笔以使用其设置。

1. 将光标放置在要开始绘制的位置。

2. 单击并拖动以绘制复合路径，然后释放鼠标左键。

3. （可选）根据需要重复步骤1~3以完成绘图。

图 12.23 通过斑点画笔工具使用不同的描边宽度创建单个复合路径

自定义斑点画笔工具选项

执行以下操作。

1. 双击斑点画笔工具以打开"**斑点画笔工具选项**"对话框（**图12.24**）。

设置以下任一选项，然后单击"确定"按钮。

- 勾选"保持选定"复选框以在绘制复合路径后保持其活动状态。
- 勾选"仅与选区合并"复选框以仅允许活动（通常是复合）路径与新路径合并。

- 调整保真度以控制路径跟随光标或手写笔移动的精度，设置越平滑，路径越简单。
- 调整"默认画笔选项"以设置画笔的书法大小、角度和圆度，以及这些设置是固定的、随机的还是对图形板上的手写笔输入给予反应。

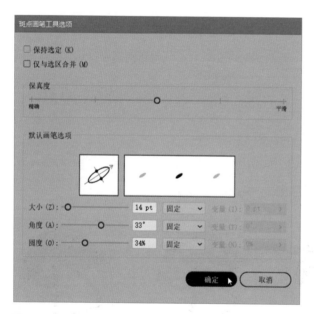

图 12.24 自定义对话框中的斑点画笔工具选项，并使用应用的设置进行绘制

 视频12.3
使用绘画工具

扫码看视频

使用Shaper工具绘图

Shaper工具（图12.25）复制了传统的草图描边，同时将其转换为几何矢量形状。

使用Shaper工具绘制和自定义形状

选择Shaper工具后，执行以下操作（图12.26）。

1. 大致画一个形状。

2. （可选）使用**选择**工具选择形状以编辑形状或应用填充和描边。

图 12.25 工具栏中的Shaper工具

TIP Shaper工具提供的形状选项包括矩形、椭圆、菱形、六边形和直线。

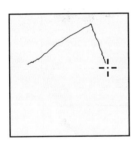 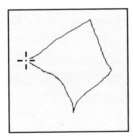 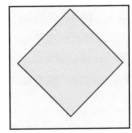 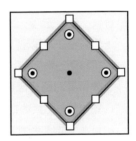

 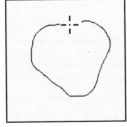 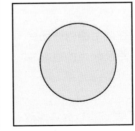 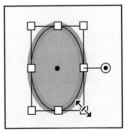

图 12.26 绘制和自定义形状

使用铅笔工具绘图

铅笔工具 (图12.27) 复制了传统的草图笔画, 同时将其转换为指定了活动笔画设置的矢量路径。

图 12.27 工具栏中的铅笔工具

自定义铅笔工具选项

执行以下操作。

1. 双击铅笔工具以打开"**铅笔工具选项**"对话框。

设置以下任一选项, 然后单击"**确定**"按钮。

- 调整保真度以控制路径跟随光标或手写笔移动的精度, 设置越平滑, 路径越简单。如果要对路径应用填充, 需勾选"**填充新铅笔笔画**"复选框。

- 勾选"**保持选定**"复选框以在绘制路径后保持其活动状态。

- 选择并调整"**当终端在此范围内时闭合路径**"以设置光标与路径起点的距离, 并将其关闭。

- 勾选"**编辑所选路径**"复选框以允许修改路径。

- 对于"**范围**", 调整像素数以确定光标在路径上需要多少距离才能进行编辑。

使用铅笔工具绘制路径

执行以下任一操作或组合操作。

- 单击并拖动以便创建自由路径 (图12.28)。

- 在单击并拖动的同时按下**Shift**键, 以创建限制为45°增量的路径 (图12.29)。

- 按住**Alt**键, 同时单击并拖动以创建无约束的直线路径。

- 单击并拖动, 然后按**Alt/Option**键关闭路径 (图12.30)。

图 12.28 绘制自由形式的路径

图 12.29 按Shift键约束路径

图 12.30 按Alt/Option键关闭路径

修改矢量对象和路径

使用Illustrator提供的工具、面板和命令修改
作品是一种用户友好的体验。

使用定界框修改对象

可以使用包围选定对象的定界框轻松修改选定对象。

隐藏或显示定界框

执行以下任一操作。

- 执行"视图|隐藏定界框"命令。
- 执行"视图|显示定界框"命令。

TIP 默认情况下，定界框可见。

自由缩放对象

执行以下操作（图13.1）。

1. 将光标悬停在一个定界框控制柄上，直到其显示一个双向箭头。

2. 单击并拖动以调整对象的大小。

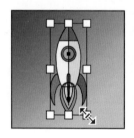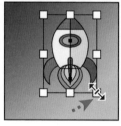

图 13.1 单击并拖动定界框控制柄以调整对象大小

TIP 要了解有关选择对象的更多信息，可参阅第7章。

按比例缩放对象

执行以下操作（图13.2）。

1. 将光标悬停在一个定界框控制柄上，直到其显示一个双向箭头。

2. 在按住Shift键的同时单击并拖动以调整对象的大小。

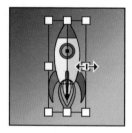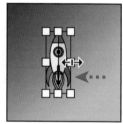

图 13.2 按住Shift键，同时单击并拖动定界框控制柄以按比例调整对象大小

TIP 在单击并从定界框的中心拖动对象的同时，按Alt/Option键。

自由形式旋转对象

执行以下操作（图13.3）。

1. 将光标悬停在一个定界框控制柄的外面，直到其显示一个弯曲的双向箭头。

2. 单击并拖动以旋转对象。

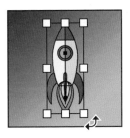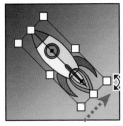

图 13.3 在定界框锚点外单击并拖动以旋转对象

TIP 单击并拖动时按住Shift键会将旋转限制为45°增量。

重置旋转对象的定界框

如果需要重置活动定界框，执行以下操作（图13.4）。

- 执行"对象|变换|重置定界框"命令。

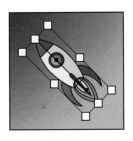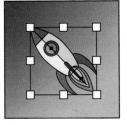

图 13.4 重置旋转的定界框

自由翻转对象

执行以下操作（图13.5）。

1. 将光标悬停在一个定界框控制柄上，直到其显示一个双向箭头。

2. 单击并拖动光标越过相对的水平定位点。

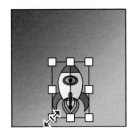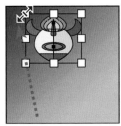

图 13.5 单击并拖动定界框控制柄以翻转对象

 视频 13.1
使用定界框

扫码看视频

使用工具修改对象

工具栏包含多个用于手动或精确修改对象的工具。

使用旋转工具手动旋转对象

在选定对象且旋转工具（图13.6）处于活动状态的情况下，执行以下任一操作。

- 要围绕中心点旋转选择对象，单击并沿要旋转的方向拖动即可（图13.7）。

- 要使用不同的参考点进行旋转，单击一次以重新定位该点，然后单击并沿要旋转的方向拖动即可（图13.8）。

图 13.6 工具栏中的旋转工具

TIP 单击并拖动时按住Shift键会将旋转限制为45°增量。

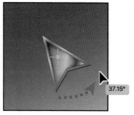

图 13.7 围绕中心点旋转选择对象

TIP 默认情况下，Illustrator会在单击并拖动时显示旋转角度。

使用旋转工具手动旋转选定对象的副本

在选定对象且旋转工具处于活动状态的情况下，执行以下操作（图13.9）。

- 在单击并沿要旋转的方向拖动时，按Alt/Option键。

图 13.8 重新定位选择的参考点，然后旋转

TIP 单击并拖动的距离参考点越远，对旋转角度的控制越大。

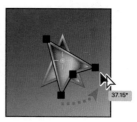

图 13.9 旋转时创建选定对象的副本

使用旋转工具精确旋转对象

选择对象后，执行以下操作（图13.10）。

1. 双击旋转工具以打开对话框。

2. 在"旋转"对话框中，输入旋转角度。

3. 单击"确定"按钮以旋转对象，如果希望旋转的对象与原始对象重复，则单击复制。

使用旋转工具停止旋转选择

执行以下任一操作。

- 选择其他工具。

- 执行"选择|取消选择"命令。

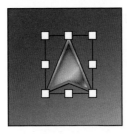

图 13.10 使用对话框精确旋转选择对象

TIP 如果用户的选择包含图案，则勾选"变换图案"复选框，图案将随选择一起旋转。取消勾选"变换对象"复选框仅旋转形状内的图案。

使用镜像工具手动镜像对象

选择一个或多个对象，并激活镜像工具（图13.11），执行以下任一操作。

- 单击以设置镜像轴的第一个点，然后再次单击以设置第二个点（**图13.12**）。

- 单击以设置镜像轴的第一个点，然后单击并拖动以直观地设置第二个点（**图13.13**）。

图 13.11 工具栏中的镜像工具

TIP 单击时按Shift键会将镜像约束为45°增量。

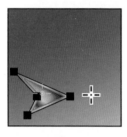 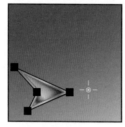 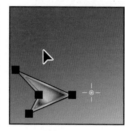 

图 13.12 通过单击添加第一个镜像点来镜像选择的对象

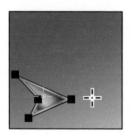 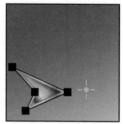 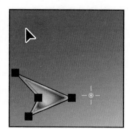 

图 13.13 通过单击并拖动以直观地设置第二个镜像点来镜像选择的对象

使用镜像工具手动镜像所选对象的副本

选择一个或多个对象并激活镜像工具后，执行以下操作（图13.4）。

- 单击时按Alt/Option键，或单击并拖动以设置镜像。

TIP 默认情况下，Illustrator在单击并拖动时显示镜像角度。

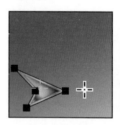 

图 13.14 在镜像选定对象的同时创建其副本

使用镜像工具精确镜像对象

选择对象后，执行以下操作（图13.15）。

1. 双击镜像工具以打开"**镜像**"对话框。

2. 选中"**水平**"或"**垂直**"单选按钮以沿该轴翻转，或输入镜像角度的度数。

3. 单击"**确定**"按钮以翻转或镜像，或者单击"**复制**"按钮（如果希望镜像的对象与原始对象重复）。

使用镜像工具停止镜像选择

执行以下任一操作。

- 选择其他工具。

- 执行"**选择|取消选择**"命令。

TIP 如果用户的选择包含图案，则勾选"变换图案"复选框，将在选择中镜像这些图案。

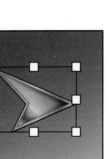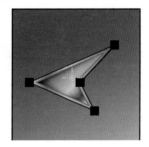

图 13.15 使用对话框精确镜像选择的对象

使用缩放工具手动调整对象大小

选择一个或多个对象，并激活缩放工具（图13.16），执行以下任一操作。

- 单击并对角拖动，根据默认中心点作为参考点调整选择对象的大小（图13.17）。
- 单击一次以重新定位参考点，然后单击并对角拖动。
- 按Shift键，同时单击并对角拖动，以按比例调整选择对象的大小（图13.18）。
- 在单击并水平或垂直拖动的同时按下Shift键，以使用单个轴调整选择对象的大小（图13.19）。

图 13.16 工具栏中的缩放工具

TIP 单击并拖动的距离参考点越远，对缩放的控制程度就越大。

TIP 在任一方向拖动经过参考点，除了调整其大小外，还将翻转选择。

 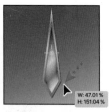

图 13.17 手动调整选择对象的大小

图 13.18 按比例调整选择对象的大小

 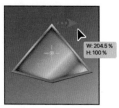

图 13.19 水平调整所选对象的大小

使用缩放工具手动调整选择副本的大小

在选定对象且缩放工具处于活动状态的情况下，执行以下操作（图13.20）。

- 单击并拖动鼠标时按Alt/Option键。

 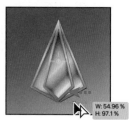

图 13.20 调整选定对象的大小时创建其副本

TIP 默认情况下，单击并拖动鼠标时，Illustrator会显示缩放百分比。

使用缩放工具精确调整对象大小

选择对象后，执行以下操作（图13.21）。

1. 双击缩放工具以打开对话框。

2. 在"**比例缩放**"对话框中，选中"**等比**"单选按钮并输入百分比以按比例缩放，或在"**水平**"和"**垂直**"输入框中同时输入百分比以非均匀地调整选择的大小。

3. （可选）勾选"**缩放圆角**"或"**比例缩放描边和效果**"复选框（如果适用）。

4. 单击"**确定**"按钮调整选择对象的大小，或者单击"**复制**"按钮（如果希望调整大小的对象与原始对象重复）。

设置默认描边和效果缩放选项

默认情况下是否缩放描边和效果可以在"**首选项**"对话框中设置。要设置默认值，执行以下操作。

1. 执行"**编辑|首选项|常规**（Windows）"或"**Illustrator|首选项|常规**（macOS）"命令。

2. 勾选或取消勾选"**比例缩放描边和效果**"复选框。

停止使用缩放工具调整选择对象的大小

执行以下任一操作。

- 选择其他工具。

- 执行"**选择|取消选择**"命令。

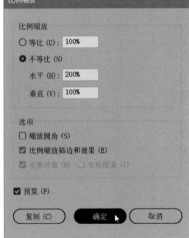

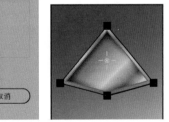

TIP 如果用户的选择包含图案，则勾选"**变换图案**"复选框，将根据选择调整图案的大小。

图 13.21 使用对话框精确调整选择对象的大小

使用倾斜工具手动倾斜或倾斜对象

选择一个或多个对象，并激活倾斜工具（图
13.22），执行以下任一操作。

- 要基于中心点倾斜选择对象，在希望倾斜的
  方向上单击并拖动（图13.23）。

- 要对倾斜使用不同的参考点，单击一次以重
  新定位该点，然后单击并沿要倾斜的方向拖
  动（图13.24）。

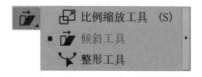

图 13.22 工具栏中的倾斜工具

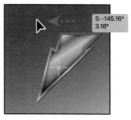

图 13.23 基于中心点倾斜选择的对象

使用倾斜工具手动倾斜或歪斜选择的副本

选择一个或多个对象并激活倾斜工具后，执行
以下操作（图13.25）。

- 单击时按Alt/Option键，或单击并拖动以
  设置倾斜。

TIP 单击并拖动参照点的距离越远，对倾斜量的
控制就越大。

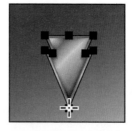

图 13.24 重新定位选择对象的参考点，然后倾斜

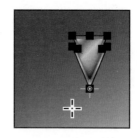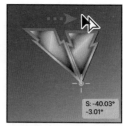

图 13.25 倾斜时创建选定对象的副本

使用倾斜工具精确倾斜或歪斜对象

选择对象后，执行以下操作（图13.26）。

1. 双击倾斜工具以打开"倾斜"对话框。

2. 在"倾斜"对话框中，输入"倾斜角度"值。

3. 通过选中"水平"或"垂直"单选按钮或输入"角度"值来设置倾斜轴。

4. 单击"确定"按钮倾斜选择对象，或者单击"复制"按钮（如果希望倾斜的对象与原始对象重复）。

使用倾斜工具停止倾斜选择

执行以下任一操作。

- 选择其他工具。

- 执行"选择|取消选择"命令。

TIP 如果所选内容包含图案，则勾选"变换图案"复选框，会将其与所选内容倾斜。

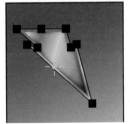

图 13.26 使用对话框精确倾斜选择的对象

使用整形工具更改形状轮廓

整形工具（图13.27）允许用户简单地更改形状的轮廓。

图 13.27 工具栏中的整形工具

TIP 使用整形工具时，将禁用智能辅助线。

使用**直接选择**工具单击形状的路径，然后使用整形工具执行以下任一操作（图13.28）。

- 单击并拖动线段以创建新的曲线锚点。
- 单击并拖动锚点以修改轮廓。
- 按住Shift键并单击或选取框，选择多个锚点，然后拖动以修改其轮廓。

图 13.28 使用直接选择工具选择形状，并使用整形工具更改轮廓

使用"自由变换"工具扭曲对象

自由变换工具允许用户使用独立的小部件扭曲（旋转、反射、缩放和剪切）选择对象（图13.29）。

在选定对象且**自由变换**工具处于活动状态的情况下，执行以下任一操作。

1. 通过单击"**透视扭曲**"按钮或单击并拖动角控点应用**透视变形**（图13.30）。

2. 通过单击"**自由变形**"按钮或单击并拖动控制柄应用自由变形（图13.31）。

TIP 扭曲行为取决于定界框的方向。如果在扭曲选择之前旋转了它，则可能需要重置定界框（执行对象|变换|重置定界框命令）。

使用自由变换工具修改对象

在选定对象且**自由变换**工具处于活动状态的情况下，执行以下任一操作。

- 通过单击"**自由变换**"按钮或单击并拖动相应的控制柄来旋转、反射、缩放或剪切选择。

- 单击"**约束**"按钮以保持自由变换的比例。

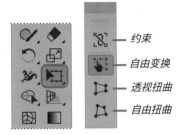

图 13.29 工具栏中的自由变换工具处于活动状态和自由变换小部件

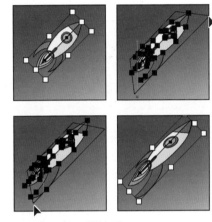

图 13.30 应用透视变形

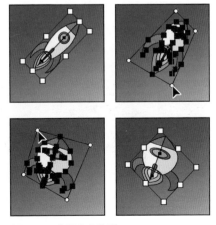

图 13.31 应用自由变形

使用形状生成器工具合并形状

形状生成器工具（图13.32）是一个功能强大的交互式工具，可用于从重叠的简单形状创建复杂形状。

选择至少两个重叠形状后，执行以下操作（图13.33）。

1. 选择形状生成器工具。

2. 在要合并的线段上单击并拖动。

图 13.32 工具栏中的形状生成器工具

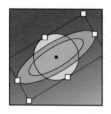  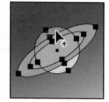  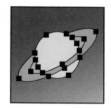

图 13.33 单击并拖动以合并重叠形状

使用形状生成器工具删除线段

选择至少两个重叠形状后，执行以下操作（图13.33）。

1. 选择形状生成器工具。

2. 单击时按Alt/Option键，或单击并拖动线段（图13.34）。

TIP 新形状的填充和描边属性取决于首先选择的线段，以及在"形状生成器"工具操作之前是否更新了活动属性。它们还取决于"形状生成器工具选项"对话框中的"拾色来源"是设置为"颜色色板"还是"图稿"（图13.35）。

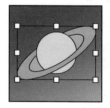  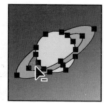  

图 13.34 单击以删除线段

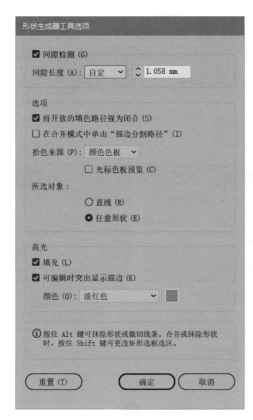

图 13.35 "形状生成器工具选项"对话框

自定义形状生成器工具的行为

双击形状生成器工具以打开"形状生成器工具选项"对话框（**图13.35**），然后执行以下任一操作。

- 如果希望Illustrator将紧密放置（但不重叠）的形状识别为连接，则勾选"间隙检测"复选框并指定"间隙长度"。

- 如果希望使用由直线连接的路径交点创建新形状，则勾选"**在合并模式中单击"描边分割路径""**复选框（**图13.36**）。

TIP 勾选"**在合并模式中单击"描边分割路径""**复选框最适合于未填充的路径，因为它允许用户在交点处分割路径而无须闭合路径。

- 选择新的形状颜色是从插图中选择还是从当前活动颜色中选择。

- 单击并拖动已选择线段时，路径是自由形式还是直线。

- 自定义选定线段的亮显显示特性。

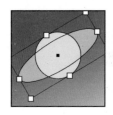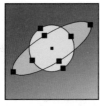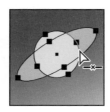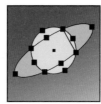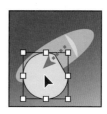

图 13.36 单击路径线段以创建新形状

使用工具倾斜对象和路径

使用橡皮擦、剪刀和美工刀工具的切割组可以轻松分割图元或删除不需要的线段。

使用橡皮擦工具删除线段

橡皮擦工具（图13.37）可以手动从路径和形状中删除线段。

TIP 擦除后，其余对象将成为新形状，并保留其相同的填充和描边属性。

在橡皮擦工具处于活动状态时，执行以下操作（图13.38）。

- 在要擦除的线段上单击并拖动。

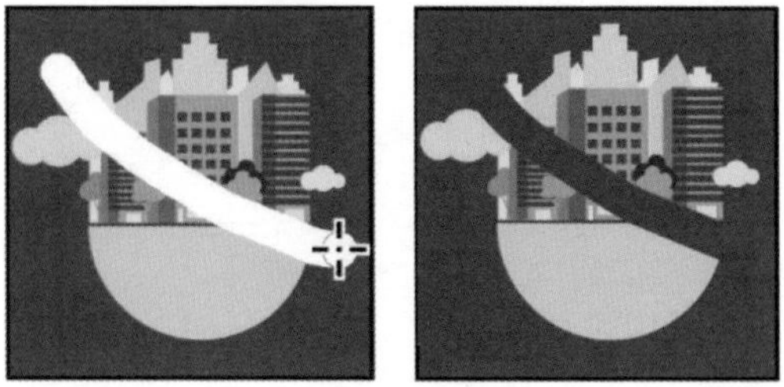

图13.37 工具栏中的橡皮擦工具组

TIP 不需要选择要删除的元素，只需要解锁。

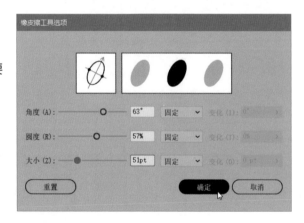

图13.38 从多个元素中删除线段

自定义橡皮擦工具

要修改描边外观，执行以下操作（图13.39）。

1. 双击橡皮擦工具。

2. 在"橡皮擦工具选项"对话框中，根据需要自定义画笔的"角度""圆度"和"大小"。

3. 单击"确定"按钮更新画笔选项。

图13.39 更新橡皮擦工具画笔选项

使用美工刀工具将路径切割为线段

当用户单击路径时，美工刀工具（图13.37）会剪切路径。

选择对象并激活美工刀工具后，执行以下操作（图13.40）。

1. 单击图元的路径或定位点以添加剪切点。

2. 单击第二个位置中的路径或定位，以分割闭合路径或进一步拆分开放路径。

图13.40 将对象切割为单独的线段

TIP 如果未选择任何对象，美工刀工具将剪切最上部的对象。

使用美工刀工具切割路径段

当用户在闭合路径或填充开放路径上单击并拖动时，美工刀工具（图13.37）将对其进行切割。

选择闭合路径或填充开放路径对象，并激活美工刀工具，执行以下操作（图13.41）。

■ 在要将其分割的图元上单击并拖动。

图13.41 切割和分离圆形对象

TIP 如果未选择任何对象，则美工刀工具将剪切所有拖过的未锁定对象。

使用自由形式工具修改路径

工具栏中Shaper工具下的是一些附加路径编辑工具（图13.42）。

使用平滑工具调整贝塞尔路径

在选定对象且平滑工具处于活动状态的情况下，执行以下任一操作。

- 单击要平滑路径的锚点（图13.43）。
- 单击并从要平滑的路径段的起点拖动到终点。

自定义平滑工具

要修改平滑度设置，执行以下操作（图13.44）。双击平滑工具。

1. 在"平滑工具选项"对话框中，根据需要调整"保真度"以修改平滑度。

2. 单击"确定"按钮。

TIP 平滑度设置越大，与原始曲线相比，曲线的精度越低。

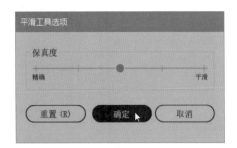

图 13.44 调整平滑度设置

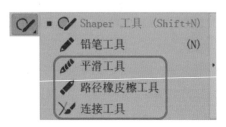

图 13.42 工具栏中Shaper工具下的路径编辑工具

TIP 有关Shaper工具的详细信息，参见第12章中的"使用Shaper 工具绘图"部分。

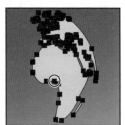

图 13.43 通过单击锚点平滑路径

使用路径橡皮擦工具删除路径段

选择一个或多个对象，并激活路径橡皮擦工具，执行以下操作（图13.45）。

- 在要删除的线段上单击并拖动自由形式路径。

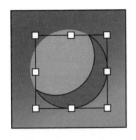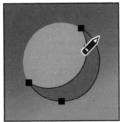
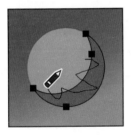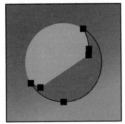

图 13.45 擦除路径段

使用连接工具连接开放路径

选择路径并激活连接工具后，执行以下操作（图13.46）。

- 单击并拖动自由形式路径以连接线段。

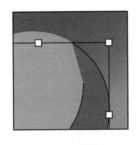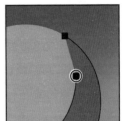

图 13.46 连接路径段

使用连接工具连接和修剪重叠的路径段

选定路径且连接工具处于活动状态的情况下，执行以下操作。

- 单击重叠路径的交点。

视频 13.2
**使用工具修改
对象和路径**

扫码看视频

使用面板修改对象

Illustrator 提供了许多面板来帮助用户精确地修改作品。

变换选定对象的大小和方向

通过属性和控制面板的**变换面板**(执行"**窗口|变换**"命令)和变换部分,可以精确更改选定对象的大小和方向(**图13.47**)。

在选定对象的情况下,执行以下任一操作。

- 更改参考点以执行转换(**图13.48**)。
- 通过在X(水平)或Y(垂直)输入框中输入新的值来更改位置。
- 通过在宽度(W)或高度(H)中输入新值来调整所选对象的大小(**图13.48**)。
- 通过单击"约束宽度和高度比例切换"按钮来锁定或解锁调整大小比例(**图13.48**)。

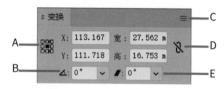

图 13.47

A. 参考点定位器　　**B.** 旋转
C. 面板菜单　　**D.** 约束宽度和高度比例切换
E. 倾斜

- 通过在输入框中输入或选择新值来**旋转**选定的对象。
- 通过在输入框中输入或选择新值来**倾斜**选定对象。
- 通过在面板菜单中选择"**水平翻转**"或"**垂直翻转**"选项来翻转选定对象。
- 更改是在"**变换**"面板底部还是在面板菜单中缩放描边和效果。
- 更改是否在"**变换**"面板的底部缩放角。

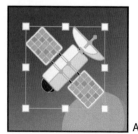

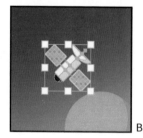

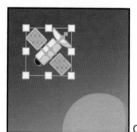

图 13.48

A. 起初的　　**B.** 按比例调整大小　　**C.** 调整大小,参考点重新定位到左上角

使用变换面板修改形状属性

选择使用矩形、圆角矩形、椭圆、多边形或线段工具创建的单个对象后,变换面板将显示其他修改选项。

执行以下任一操作。

- 修改矩形或圆角矩形的尺寸、旋转、角类型或角大小(图13.49)。

- 修改椭圆的尺寸、旋转或饼图开始和结束角度或反转设置(图13.50)。

- 修改多边形的尺寸、旋转、边数或角类型(图13.51)。

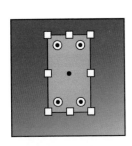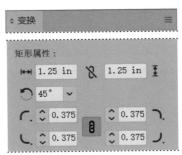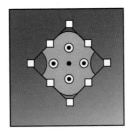

图 13.49 修改矩形的属性,包括反转某些圆角

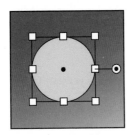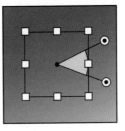

图 13.50 通过调整和反转(高亮显示)饼图设置来修改椭圆的属性

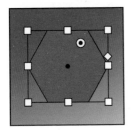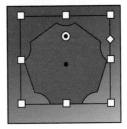

图 13.51 修改多边形的属性,包括减少边数和将角更改为倒圆

使用路径查找器面板合并和分割形状对象

属性面板中的路径查找器部分和路径查找器面板（执行窗口|路径查找器命令）允许用户将对象组合成新的形状或将它们分割为单独的形状（图13.52）。

选择两个或多个重叠对象后，执行以下任一操作（图13.53）。

- 单击联集图标将选定对象合并为复合路径。
- 单击"减去顶图图层"图标以从对象中分割或删除元素。

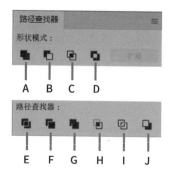

图 13.52
A. 联集
B. 减去顶图图层
C. 交集
D. 差集
E. 分割
F. 修边
G. 合并
H. 裁剪
I. 轮廓
J. 减去后方对象

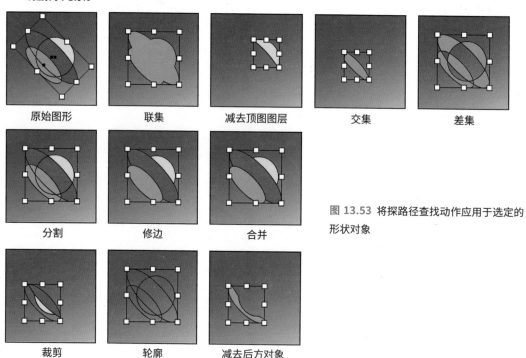

原始图形　　联集　　减去顶图图层　　交集　　差集

分割　　修边　　合并

图 13.53 将探路径查找动作应用于选定的形状对象

裁剪　　轮廓　　减去后方对象

 视频 13.3
**使用面板和命令
修改对象**

扫码看视频

TIP 可以使用直接选择工具或图层面板选择复合形状组件。

定义的路径查找器面板操作

路径查找器面板中的操作选项非常多。以下是每个操作的详细说明。

- "**联集**"将所有选定对象合并为单个对象。

- "**减去顶图图层**"通过删除与底部对象重叠的所有线段来创建新形状。

- "**交集**"从所有相关（选定）对象的相交处创建新形状。

- "**差集**"使偶数编号的重叠元素透明，并填充奇数编号的叠加元素。

- "**分割**"将对象分离到它们重叠的位置，从而创建保留其填充外观的单独形状。

- "**修边**"将删除选定填充对象的隐藏段。

- "**合并**"将删除选定填充对象的隐藏段，并合并具有相同填充特性的任何重叠对象。

- "**裁剪**"将顶部选定对象转换为其下对象的边界。

- "**轮廓**"将选定的对象分割为其线段。

- "**减去后方对象**"从最上面的形状中减去所有形状。

使用路径查找器面板将对象转换为复合形状

复合形状是可以独立编辑的单个形状的容器。

选择两个或多个重叠对象后，执行以下操作（图13.54）。

- 在路径查找器面板菜单中选择"建立复合形状"选项。

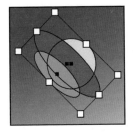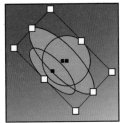

图 13.54 将重叠形状转换为复合形状

使用路径查找器面板展开复合形状

选择复合形状后，执行以下操作（图13.55）。

- 单击路径查找器面板中的"扩展"按钮。

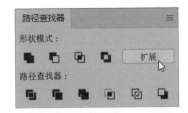

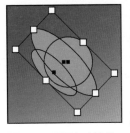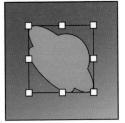

图 13.55 展开复合形状

使用命令修改对象

"对象"菜单中的"变换"命令（图13.56）允许用户精确地修改对象。

使用"对象"菜单修改图片

选定对象后，在"对象|变换"菜单下选择以下任一选项。

- **"再次变换"**选项：用来重复上一个变换操作。

- **"移动"**选项：打开**"移动"**对话框重新定位选择对象。

- **"旋转"**选项：打开**"旋转"**对话框更改选择的角度。

- **"镜像"**选项：打开**"镜像"**对话框镜像所选对象。

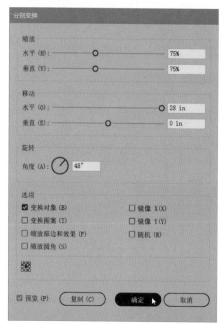

图 13.56 "对象"菜单"变换"命令

- **"缩放"**选项：打开**"缩放"**对话框调整选择对象的大小。

- **"倾斜"**选项：打开**"倾斜"**对话框倾斜所选对象。

- **"分别变换"**选项：打开**"分别变换"**对话框分别修改选定的对象和组（图13.57）。

TIP 有关"旋转""镜像""缩放"和"倾斜"对话框的详细信息，参见本章的"使用工具修改对象"部分。

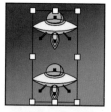

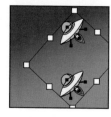

图 13.57 单独变换对象组

14

变换对象

Illustrator 转换工具和选项提供了将简单元素转换为视觉丰富的作品的无限可能性。

本章内容

使用液化工具重塑物体形状

液化工具组（图14.1）提供预设变形选项，允许用户轻松向元素添加变形，例如褶皱和旋转。

TIP 选择对象将其隔离以进行液化操作。如果未选择任何对象，则液化操作将应用于光标边界内所有未锁定的图元。

使用变形工具来塑造对象路径

在变形工具处于活动状态时，执行以下操作（图14.2）。

- 在要扭曲的方向上单击并拖动插图部分。

自定义变形工具

双击变形工具以打开"变形工具选项"对话框，然后执行以下任一操作（图14.3）。

- 通过更改"宽度"和"高度"设置来修改光标的大小。

- 通过更改"角度"来修改非对称光标的方向。

- 通过调整"强度"指定应用扭曲的速度。该值越低，更改发生的速度越慢。

- 通过调整"细节"指定添加的扭曲动作点之间的间距。该值越低，距离越大。

- 通过调整"简化"值来减少不需要的操作点的数量。

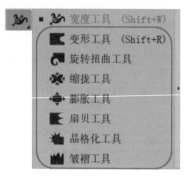

图 14.1 液化工具位于工具栏中的宽度工具下

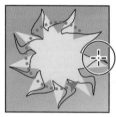

图 14.2 星形变形

图 14.3 "变形工具选项"对话框

使用旋转扭曲工具将漩涡添加到对象

在旋转扭曲工具处于活动状态时, 执行以下操作 (图14.4) 。

- 单击并拖动要添加漩涡的图像部分。

TIP 在图像上拖动的速度越慢, 工具应用旋转扭曲的效果越明显。

自定义旋转扭曲工具

双击旋转扭曲工具以打开 "旋转扭曲工具选项" 对话框, 然后执行以下任一操作 (图14.5) 。

- 通过更改 "宽度" 和 "高度" 设置来修改光标的大小。

- 通过更改 "**角度**" 来修改非对称光标的方向。

- 通过调整 "**强度**" 指定应用旋转的速度。该值越低, 更改发生的速度越慢。

- 通过调整 "**旋转扭曲速率**" 确定旋转和旋转速率。正值顺时针旋转, 负值逆时针旋转。越接近零, 应用旋转的速度越慢。

- 通过调整 "**细节**" 指定旋转动作点之间的间距。该值越低, 距离越大。

- 通过调整 "**简化**" 值来减少不需要的操作点的数量。

图 14.4 旋转星形

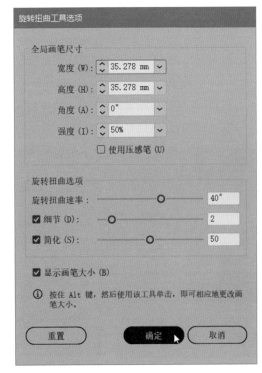

图 14.5 "旋转扭曲工具选项" 对话框

使用缩拢工具扭曲对象的外观

在缩拢工具处于活动状态时，执行以下操作（图14.6）。

■ 单击或单击并拖动要扭曲的图像部分。

自定义缩拢工具

双击缩拢工具以打开"缩拢工具选项"对话框，然后执行以下任一操作（图14.7）。

■ 通过更改"**宽度**"和"**高度**"设置来修改光标的大小。

■ 通过更改"**角度**"来修改非对称光标的方向。

■ 通过调整"**强度**"指定拖动时应用折叠的速度。该值越低，更改发生的速度越慢。

■ 通过调整"**细节**"指定折叠动作点之间的间距。该值越低，距离越大。

■ 通过调整"**简化**"值来减少不需要的操作点的数量。

图 14.6 单击星形线段以将其缩拢

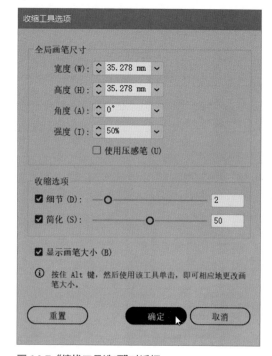

图 14.7 "缩拢工具选项"对话框

使用膨胀工具扭曲对象的外观

在膨胀工具处于活动状态时，执行以下操作（图14.8）。

- 单击或单击并拖动要扭曲的图像部分。

自定义膨胀工具

双击膨胀工具以打开"膨胀工具选项"对话框，然后执行以下任一操作（图14.9）。

- 通过更改"**宽度**"和"**高度**"设置来修改光标的大小。

- 通过更改"**角度**"修改光标的方向。

- 通过调整"**强度**"指定拖动时应用膨胀的速度。该值越低，更改发生的速度越慢。

- 通过调整"**细节**"指定膨胀动作点之间的间距。该值越低，距离越大。

- 通过调整"**简化**"值指定要减少多少不需要的操作点数量。

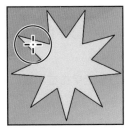

图 14.8 单击星形以将其膨胀

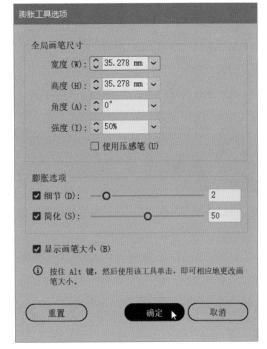

图 14.9 "膨胀工具选项"对话框

使用扇贝工具将随机弯曲的细节添加到对象

在扇贝工具激活的情况下, 执行以下操作 (图14.10) 。

- 在要添加随机曲线的方向上单击或单击并拖动图像部分。

自定义扇贝工具

双击扇贝工具以打开"扇贝工具选项"对话框, 然后执行以下任一操作 (**图14.11**) 。

- 通过更改"**宽度**"和"**高度**"设置来修改光标的大小。

- 通过更改"**角度**"来修改非对称光标的方向。

- 通过调整"**强度**"指定拖动时应用扇形条的速度。该值越低, 更改发生的速度越慢。

- 通过调整"**复杂性**"修改扇贝相对于对象轮廓的放置距离。

- 通过调整"**细节**"指定扇形条操作点之间的间距。该值越低, 距离越大。

- 勾选或取消勾选"画笔影响锚点""画笔影响内切线手柄"或"画笔影响外切线手柄"复选框, 以允许工具更改这些属性。

图 14.10 在对象周围单击并使用扇贝工具拖动, 以向边缘添加随机曲线细节

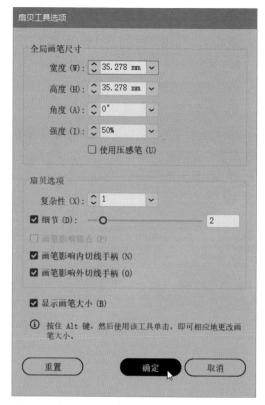

图 14.11 "扇贝工具选项"对话框

使用晶格化工具将随机添加的细节添加到对象

在晶格化工具处于活动状态时，执行以下操作（图14.12）。

- 在要添加随机尖峰的方向上单击或单击并拖动图像部分。

自定义晶格化工具

双击晶格化工具以打开"**晶格化工具选项**"对话框，然后执行以下任一操作（图14.13）。

- 通过更改"**宽度**"和"**高度**"设置来修改光标的大小。

- 通过更改"**角度**"来修改非对称光标的方向。

- 通过调整"**强度**"指定拖动时应用结晶的速度。该值越低，更改发生的速度越慢。

- 通过调整"**复杂性**"修改尖刺相对于对象轮廓的放置距离。

- 通过调整"**细节**"指定结晶动作点之间的间距。该值越低，距离越大。

- 勾选或取消勾选"**画笔影响锚点**""**画笔影响内切线手柄**"或"**画笔影响外切线手柄**"复选框，以允许工具更改这些属性。

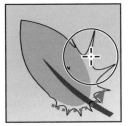

图 14.12 在对象周围单击并使用晶格化工具拖动，以向边缘添加随机尖峰细节

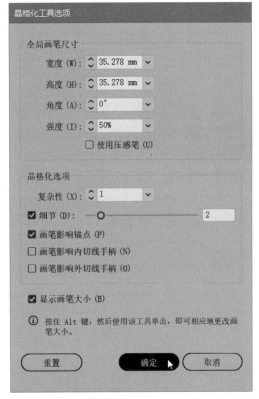

图 14.13 "晶格化工具选项"对话框

使用褶皱工具向对象添加随机波浪细节

在褶皱工具处于激活状态时，执行以下操作（图14.14）。

- 在要添加随机波的方向上单击或单击并拖动图像部分。

自定义褶皱工具

双击褶皱工具以打开"**褶皱工具选项**"对话框，然后执行以下任一操作（图14.15）。

- 通过更改"**宽度**"和"**高度**"设置来修改光标的大小。

- 通过更改"**角度**"来修改非对称光标的方向。

- 通过调整"**强度**"指定拖动时应用褶皱的速度。该值越低，更改发生的速度越慢。

- 修改"**水平**"和"**垂直**"控制点距离的距离百分比。

- 通过调整"**复杂性**"修改动作结果与对象轮廓的距离。

- 通过调整"**细节**"指定褶皱操作点之间的间距。该值越低，距离越大。

- 勾选或取消勾选"**画笔影响锚点**""**画笔影响内切线手柄**"或"**画笔影响外切线手柄**"复选框，以允许工具更改这些属性。

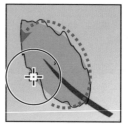

图14.14 在对象周围单击并使用褶皱工具拖动，以向边缘添加随机波浪细节

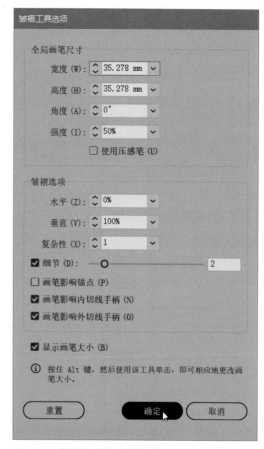

图14.15 "褶皱工具选项"对话框

混合对象

混合工具（图14.16）和菜单命令允许用户使用两个对象在它们之间创建平滑的颜色填充，在两个对象之间均匀创建和分布新形状。

使用混合工具在两个对象之间创建混合填充视觉效果

在混合工具处于活动状态时，执行以下任一操作。

- 单击每个对象（而不是它们的锚点），按顺序混合它们而不旋转（图14.17）。

- 单击每个对象的锚点，以使用这些点作为参考点来混合它们（图14.18）。

TIP 当光标位于锚点上方时，混合工具光标将从白色正方形变为黑色正方形。

使用"混合"命令在两个对象之间创建混合填充视觉效果

选定两个对象后，执行以下操作。

- 执行"对象|混合|建立"命令。

释放混合对象

选择混合对象后，执行以下操作。

- 执行"对象|混合|释放"命令。

扩展混合对象

选择混合对象后，执行以下操作。

- 执行"对象|混合|扩展"命令。

图 14.16 工具栏中的混合工具

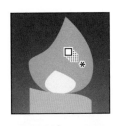
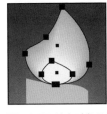

图 14.17 单击对象以创建混合填充外观

TIP 在应用混合工具操作之前选择对象可以更容易地查看其锚点。

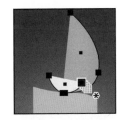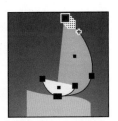

图 14.18 单击两个开放路径对象的锚点以创建混合填充外观

访问混合选项对话框

执行以下任一操作。

- 双击混合工具。

- 执行"对象|混合|混合选项"命令。

- 在"属性"面板中的"快速操作"下单击"混合选项"按钮（图14.19）。

自定义混合选项

在"混合选项"对话框中，执行以下任一操作。

- 在"间距"下选择"平滑颜色"选项，以使Illustrator自动计算并应用平滑混合填充或描边的步数。

- 在"间距"下选择"指定的步数"并输入适当的数字，以确定两个原始对象之间混合对象的数量（图14.20）。

- 在"间距"下选择"指定的距离"并输入适当的数字，以指定从一个对象的边到下一个对象相应边的距离。

- 在"取向"下选择"对齐页面"选项，以设置垂直于页面X轴的混合操作。

- 在"取向"下选择"对齐路径"选项，以设置垂直于混合的脊椎的混合操作。

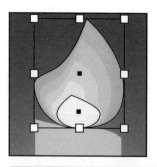

图 14.19 在选定混合对象的情况下，在"属性"面板访问"混合选项"对话框

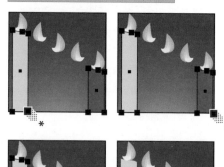

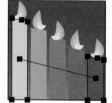

图 14.20 使用"指定步数"选项创建分布式形状

调整混合轴定位点

取消选择混合对象后, 执行以下操作 (图14.21)。

1. 使用直接选择工具, 单击以选择混合轴定位点。

2. 将混合轴锚点拖动到所需位置。

用不同的路径替换混合轴

执行以下操作 (图14.22)。

1. 选择要用于新混合轴和混合对象的对象。

2. 执行"对象|混合|替换混合轴"命令。

TIP 混合轴应该始终是开放的路径, 以防止出现意外情况。

反向混合轴

选择混合对象, 执行以下操作 (图14.23)。

- 执行"对象|混合|反向混合轴"命令。

反转混合对象堆叠顺序

选择混合对象, 执行以下操作 (图14.24)。

- 执行"对象|混合|反向堆叠"命令。

视频 14.1
使用液化工具和混合对象
扫码看视频

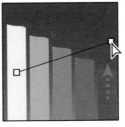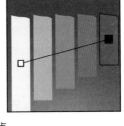

图 14.21 调整混合轴定位点

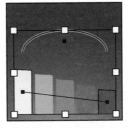

图 14.22 替换混合轴

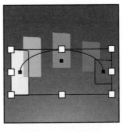

图 14.23 反向混合轴

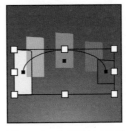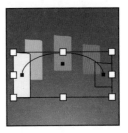

图 14.24 反转混合对象堆叠顺序

图像蒙版

在Illustrator中，剪切蒙版是矢量形状，它将图像隐藏在边界之外。用于蒙版的对象称为剪切路径。一旦创建，剪切蒙版和它隐藏的相关图像称为剪切组。

创建剪切蒙版以隐藏图层或组的部分

如果要隐藏多个对象，最好使用图层面板。执行以下操作（图14.25）。

1. 在图层面板中，将需要创建蒙版的对象放置在同一图层。

2. 创建要在剪切路径处使用的矢量对象，并将其放置在图层的顶部。

3. 在图层面板中高亮显示图层后，单击面板底部的"建立/释放剪切蒙版"按钮。

TIP 也可以使用图层面板为各个对象创建剪切蒙版。

使用命令创建剪切蒙版以隐藏对象的一部分

要蒙版单个对象，执行以下操作（图14.26）。

1. 创建要用作剪切路径的矢量对象，并将其放置在要蒙版的对象上。

2. 选择要蒙版的对象和剪切路径对象。

3. 执行"对象|剪切蒙版|建立"命令。

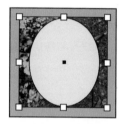

图 14.26 为图像创建剪切蒙版

TIP 要了解有关在Illustrator中放置图像文件的更多信息，参阅第17章"导入资源"部分。

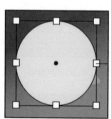

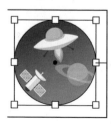

图14.25 使用图层面板为多个对象创建剪切蒙版

使用命令修改剪切蒙版

选择剪切组后执行以下操作。

1. 执行"对象|剪切蒙版|编辑蒙版"命令。

2. 应用描边或填充，或使用**直接选择工具**修改蒙版（**图14.27**）。

> **TIP** 也可以通过使用直接选择工具选择蒙版来修改其填充或描边。

使用图层面板修改剪切组

在图层面板中，执行以下任一操作。

- 选择一个对象或路径，并使用**选择**或**直接选择工具**对其进行修改（**图14.28**）。

- 通过将对象拖入或拖出图层来添加或删除对象（**图14.29**）。

图 14.27 将描边添加到蒙版并修改其形状

图 14.28 选择和修改剪切组对象

图 14.29 从剪切组中删除对象并将其放置在其上方的图层中

应用透明度和混合模式

许多选项可以用来修改对象的透明度和不透明度。

修改不透明度设置

选择对象、层或组后，执行以下操作（图14.30）。

- 在属性、控制、外观或透明度面板的"不透明度"区域中，输入新值或使用滑块调整值。

图14.30 降低选定对象的不透明度

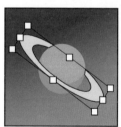
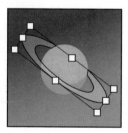

访问"透明度"面板

"透明度"面板（图14.31）提供了几个选项，用于设置不透明度、应用混合模式和创建不透明度蒙版。

图14.31

A. 混合模式菜单

B. "不透明度蒙版"区域

要访问透明度面板，请执行以下操作之一。

- 在属性、控制或外观面板中单击"不透明度"按钮。
- 执行"窗口|透明度"命令。
- 在工作区中，单击"透明度"面板缩略图（图14.32）。

图14.32 单击"透明度"面板缩略图

将混合模式应用于对象

选择要混合的对象后，执行以下操作。

- 在透明度面板中，从混合模式菜单中选择一个选项（图14.31中的A）。

关于混合模式

混合模式 (图14.33) 决定了重叠的颜色如何相互作用以及任何底层元素。

TIP 对象的颜色模式 (RGB、CMYK、专色) 会影响混合模式的混合方式，有些可能根本不适用于专色。

用于混合对象的颜色是**混合颜色**，即选定对象的原始颜色；**基础颜色**即混合对象下方的颜色；**结果颜色**即最终混合颜色。

 "正常"是默认模式，混合色和基础色之间没有交互。

 "变暗"使用混合色或基础色中最深的颜色，并替换任何较浅的颜色。比混合颜色暗的区域不会改变。

 "正片叠底"会倍增混合色和基础色，始终会产生较暗的颜色。

 "颜色加深"通过使基础颜色变暗来反映混合色。

 "变亮"使用混合色或基础色中最亮的颜色来替换任何较暗的颜色。比混合色亮的区域不会改变。

 "滤色"将混合色和基础色相乘，始终产生较浅的颜色。

 "颜色减淡" (Color Dodge) 通过使基础颜色变亮来反映混合色。

 "叠加"取决于基础颜色，可以显示或倍增颜色，以反映原始颜色中的深色和浅色变体。

 柔光 (取决于基础颜色) 会使颜色变暗或变亮，类似于漫反射聚光灯。

 "强光"，取决于基础颜色，可以显示或倍增颜色，类似于刺眼的聚光灯。

 "差值"从其他颜色中减去较大的值颜色 (混合色或基色)。

 "排除"与"差值"相似，但对比度较低。

 "色相"将混合颜色的色调与基础颜色的饱和度和亮度相结合。

 "饱和度"将基础颜色的亮度和色调与混合颜色的饱和度相结合。

 "混色"将基础颜色的亮度与混合颜色的色调和饱和度相结合。

 "明度"将基础颜色的色调和饱和度与混合颜色的亮度相结合。

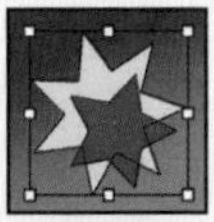

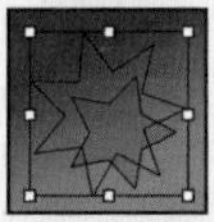

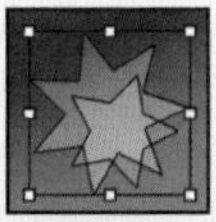

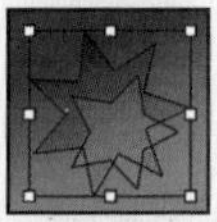

图 14.33 应用于CMYK对象的Illustrator混合模式

创建不透明度蒙版

不透明度蒙版使用图像或灰度对象应用具有不同透明度的蒙版。黑色是透明的，白色是不透明的。

TIP 如果要将多个对象用作蒙版，需将其分组。

执行以下操作。

1. 将蒙版所用的物体或图像放在想要包含的图像上（图14.34）。

2. 选择要包含的所有元素，包括不透明度蒙版对象。

3. 在透明度面板中，单击"制作蒙版"按钮（图14.35）。

4. （可选）取消勾选"剪切"复选框以显示蒙版边界外的插图，勾选"反相蒙版"复选框以反转蒙版值（图14.36）。

图 14.36 取消勾选"剪切"复选框，然后勾选"反相蒙版"复选框

图 14.34 在要蒙版的图像上放置渐变填充对象

图 14.35 为选定对象创建不透明度蒙版

撤销不透明度蒙版

执行以下操作。

■ 选中不透明度蒙版组后，单击**透明度**面板中的"释放"按钮。

TIP 应用不透明度蒙版会自动将所有对象分组。

 视频 14.2
使用蒙版和不透明度

 扫码看视频

应用渐变

渐变工具和面板选项（图14.37）允许用户在填充和描边颜色之间添加渐变混合。用户可以选择Illustrator提供的渐变预设或创建自己的渐变预设。

TIP 如果文档的渐变面板已被修改，则提供的预设渐变色板可能已被删除。但是，用户始终可以从新的空白文档或使用库访问它们。

将预设渐变应用于对象

选择对象后，执行以下操作（图14.38）。

1. 确保填充或描边颜色框处于活动状态，具体取决于要将渐变应用于哪个颜色框。

2. 在色板面板（执行"窗口|色板"命令）中单击渐变色板。

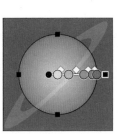
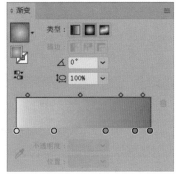

TIP 当选定对象包含渐变或渐变工具处于活动状态时，也可以在控制和属性面板中访问渐变面板。

图 14.37 将径向渐变填充应用于对象

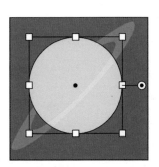
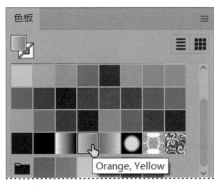
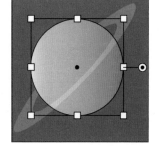

Orange, Yellow

图 14.38 使用色板面板将渐变应用于对象

更改应用的渐变类型

在渐变面板中的类型下，选择以下任一选项（图14.39）。

- 线性以直线混合颜色。
- 径向以圆形图案混合颜色。
- 任意形状使用对象内自由定位的路径和点混合对象内的颜色。

激活渐变批注者

在选定渐变对象的情况下，执行以下任一操作。

- 单击渐变工具。
- 在渐变面板中，单击"编辑渐变"按钮（图14.40）。

TIP 渐变批注者不会与渐变描边一起显示。

TIP 单击渐变面板中的"编辑渐变"按钮会自动激活渐变工具。

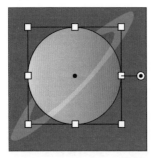

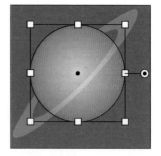

图 14.39 将对象的渐变类型从"线性"更改为"径向"

TIP 在编辑模式下，对于线性渐变和径向渐变，可以看到渐变滑块，并在渐变面板中显示镜像中点和色标。

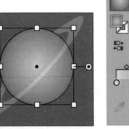
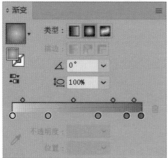
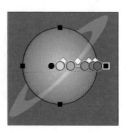

图 14.40 激活径向渐变的编辑选项

TIP 通过执行"视图|[显示/隐藏]渐变批注者"命令，可以隐藏或显示渐变批注者。

使用渐变工具修改线性或径向渐变的位置和角度

选择渐变对象并激活渐变工具后，执行以下操作（图14.41）。

- 单击并拖动以设置新的起点和终点。

使用渐变面板修改线性渐变或径向渐变

在渐变面板（图14.42）中，执行以下任一操作（图14.43）。

- 在"活动渐变"菜单中选择不同的渐变。
- 通过单击"反向渐变"按钮反转渐变的方向。
- 单击并拖动以重新定位中点图标。
- 单击并拖动以重新定位色标。
- 通过单击渐变条底部的位置添加色标。
- 通过单击并将色标从渐变条中拖出，按Delete键或单击Delete Stop按钮来删除色标。
- 通过单击拾色器按钮选择颜色或双击色标来更改色标的活动颜色。
- 调整色标的不透明度。
- 调整色标的位置。

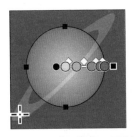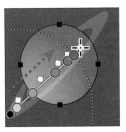

图 14.41 使用渐变工具重新定位渐变

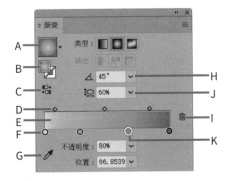

图 14.42

A.活动渐变　B.填充颜色　C.反向渐变按钮　D.中点图标
E.渐变条　F.色标　　G.拾色器按钮　H.角度字段
I.长宽比字段　J.删除色标按钮　K.渐变滑块

TIP 使用渐变面板调整选定的渐变对象时，渐变条不需要处于活动状态。

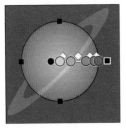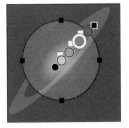

图 14.43 在应用图14.40中的渐变编辑之前和之后

使用色标自定义自由渐变

将自由形式渐变应用于对象，并在渐变面板中激活色标，然后执行以下任一操作。

- 使用渐变面板修改色标（图14.44）。

- 通过单击对象内部添加色标。

- 通过选择色标并按Delete键或单击Delete Stop按钮删除色标。

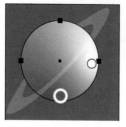

图 14.44 调整自由形式渐变色标

使用线条自定义自由渐变

在将自由形式渐变应用于对象且渐变面板中的"线"处于活动状态时，执行以下任一操作。

- 通过选择一个色标，然后在对象内部单击，添加连接的色标（图14.45）。

- 使用渐变面板修改色标颜色和选项设置（图14.46）。

- 通过选择色标并按Delete键或单击Delete Stop按钮删除色标。

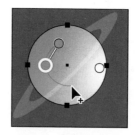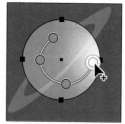

图 14.45 使用直线连接自由渐变

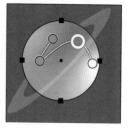

图 14.46 修改自由形式渐变线的色标

TIP 自由形式渐变线不能重叠。

应用新渐变

选择对象后，执行以下操作（图14.47）。

1. 选择渐变工具。

2. 在渐变面板或控制或属性面板的渐变区域中，单击要应用的渐变类型。

3. （可选）根据需要修改渐变。

保存线性或径向渐变

选择渐变对象后，执行以下操作（图14.48）。

1. 在**色板**面板中，单击"**新建色板**"按钮或从面板菜单中选择"**新建色板**"选项。

2. 在"**新建色板**"对话框中，输入色板的名称，然后单击"**确定**"按钮。

TIP 还可以使用"渐变"面板菜单将线性渐变和径向渐变保存到"样例"面板。

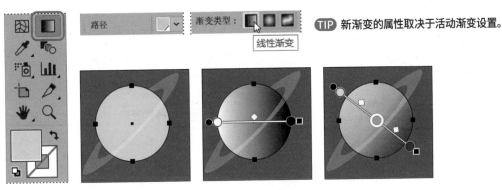

TIP 新渐变的属性取决于活动渐变设置。

图 14.47 将新渐变应用于对象

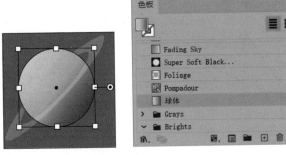

TIP 自由形式渐变可以保存为图形样式。要了解更多信息，参阅第15章"添加视觉效果"部分。

图 14.48 保存为色板的新渐变

TIP 要了解有关保存色标的更多信息，参阅第4章"使用颜色"中的"使用色板面板"部分。

将渐变应用于描边

选择对象后，执行以下操作（图14.49）。

1. 确保描边选项处于活动状态。

2. 在**渐变**或**色板**面板中选择渐变。

3. 选择"线性"或"径向"作为渐变**类型**。

4. 选择"描边"旁边的样式（图14.50）。

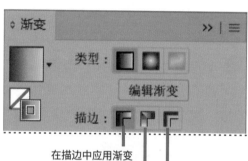

在描边中应用渐变

沿描边应用渐变

跨描边应用渐变

在描边中应用线性渐变　沿描边应用线性渐变　跨描边应用线性渐变

在描边中应用径向渐变　沿描边应用径向渐变　跨描边应用径向渐变

图 14.50 渐变描边样式

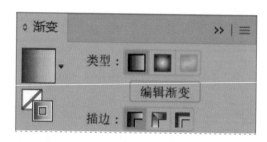

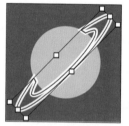
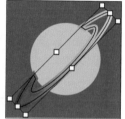

图 14.49 将渐变应用于描边

视频 14.3
使用渐变

扫码看视频

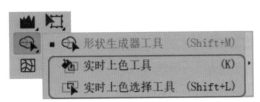

图 14.51 工具栏中形状生成器工具下的实时上色工具

图 14.52 从应用于边和面的选定对象和属性创建实时上色组

展开实时上色组

展开实时上色组将展平面和边，同时保留实时上色组的视觉相似性。选择组后，执行以下操作。

- 执行"对象|实时上色|扩展"命令。

释放实时上色组

释放将移除实时上色组，并恢复到没有填充和半点黑色笔画的路径。选择组后，执行以下操作。

- 执行"对象|实时上色|释放"命令。

使用实时上色

实时上色工具（图14.51）和命令允许用户从矢量图形创建实时上色组，用户可以向其中添加颜色、渐变和图案。实时上色组保留了大多数矢量绘制和编辑功能，但将所有路径视为位于曲面的同一平面上。

实时上色组的可绘制部分称为边和面，而不是描边和填充。

创建实时上色组

选择矢量对象后，执行以下任一操作（图14.52）。

- 选择实时上色工具并单击选择对象。
- 执行"对象|实时上色|建立"命令。

为实时上色转换准备对象

某些对象在转换之前需要执行其他操作。执行以下任一操作。

- 对于未直接转换的对象，执行"对象|扩展"命令。
- 对于文字对象，执行"文字|创建轮廓"命令。
- 对于光栅元素，执行"对象|图像描摹|建立并扩展"命令。

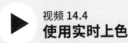

视频 14.4
使用实时上色

扫码看视频

使用实时上色工具将属性应用于实时上色边或面

实时上色工具将当前填充属性添加到实时上色组中的面，或将当前描边属性添加到边。选择要应用的填充或描边属性后，执行以下任一操作。

- 单击边或面（图14.53）。

- 在多个边或面上单击并拖动，可以一次绘制多条边或面。

- 双击边或面以将属性应用于所有未指定的相邻图元。

- 三次单击边或面以使用相同属性绘制或填充所有元素。

图 14.53 使用实时上色工具将填充应用于面元素

TIP 如果使用色板面板选择填充（并且在"实时上色工具选项"对话框中选择了"光标色板预览"选项），光标将显示三个色板，活动色板在中间。要在色板之间切换，需按向左或向右箭头键。

自定义实时上色或实时上色选择工具选项

执行以下操作。

- 双击实时上色工具，打开其选项对话框。

TIP 要使用实时上色工具对边应用填充，需在"实时上色工具选项"对话框中选择"描边上色"选项。

使用实时上色选择工具将属性应用于实时上色的面或边

使用实时上色选择工具可以选择实时上色组中的边和面。

执行以下任一操作，然后更改渐变或填充设置（图14.54）。

- 单击面或边。

- 在要选择的项目周围单击并拖动字幕。

- 双击一个面以选择所有未被绘制边分割的连续面。

- 三次单击面或边以选择具有相同填充或描边的对象。

- 按住Shift键并单击或按住Shift键并拖动选取框，以在选择中添加或删除对象。

TIP 执行"选择|相同"命令也可以使用实时上色选择工具。

单击以选择边并应用描边

单击以选择面并应用渐变填充

使用选取框应用填充和描边

图 14.54 使用实时上色选择工具选择和应用属性

添加视觉效果

用户可以为作品添加有趣的视觉效果，并轻松管理它们。

添加 Illustrator 效果

当选择对象时,效果位于属性或外观面板中的效果菜单或fx菜单按钮下 (图15.1)。

效果分为两类: Illustrator 效果主要是基于矢量的,而所有Photoshop 效果都是基于光栅的。

图 15.1 属性面板中的效果菜单

应用效果与变换对象

使用"效果命令"菜单应用的效果显示为可从"属性"或"外观"面板管理的属性。

变换对象可以使用矢量效果菜单组中的命令 (包括转化为形状、扭曲和变换、路径、路径查找器等)、镜像变换工具和"对象"菜单下的命令。

区别在于,使用工具或"对象"菜单应用变换会改变实际对象,而使用"效果"菜单命令仅更改外观,保留原始对象不变。

将3D (经典) 效果应用于对象

选定对象后,执行以下操作。

1. 执行"效果|3D和材质|3D (经典) |[效果名称]"命令,或单击属性或外观面板中的fx菜单按钮,然后执行"3D和材质|3D (经典) |[效果名称]"命令。

2. 在对话框中,根据需要自定义设置,然后单击"确定"按钮。

TIP 如果希望多个对象占据同一3D空间,需在应用3D效果之前将其分组 (执行"对象|编组"命令)。

通过应用3D效果访问3D和材质面板

3D和材质面板是一种"技术预览"功能，允许用户轻松创建丰富的3D效果，包括表面材质和照明。

选择对象后，执行以下任一操作（**图15.2**）。

- 执行"效果|**3D和材质**|3D（经典）|[效果名称]"命令。

- 单击属性或外观面板中的**fx**菜单按钮，然后执行"**3D和材质**|3D（经典）|[效果名称]"命令。

修改对象的3D类型

在3D和材质面板的"对象"区域中，选择或调整以下任一选项。

- 平面在3D空间中确定平面对象的方向，类似于固定和旋转一张纸。

- 凸出为对象添加深度将其沿Z轴延伸。

- 绕转使用圆形方向来扫视周围的物体。

- 膨胀通过膨胀对象来增加深度。

- 深度决定对象的Z轴值。

- 封口确定对象的外观是空心还是实心。

- 斜角确定应用于的Z轴末端的边的类型对象。

- 旋转预设为轴、方向和等轴测应用预先计算的垂直、水平和圆形值。

- 数量决定膨胀的强度。

图 15.2 通过对选定的对象组应用膨胀效果打开3D和材质面板

TIP 在Illustrator 2022发布时，3D和材质是一个技术预览功能。这意味着尽管包含在发行版中，但在开发中仍会考虑使用有限的功能和文档。有关更多信息，单击面板底部的技术预览链接。

修改3D对象的表面材质外观

在**3D和材质**面板的"材质"部分中, 执行以下任一操作。

- 在**所有材料和图形**下, 从"**基本材质**" (默认) 或 "**Adobe Substance材质**" 中选择外观, 其中包含Illustrator提供的预设可自定义曲面 (**图15.3**)。

- 在**属性**面板下, 调整对象应用曲面的外观值。

TIP 默认材质选项保留对象的颜色并添加光泽度。

图15.3 将Adobe Substance材质应用于3D对象的曲面

修改3D对象的照明

在3D和材质面板的"光照"区域中，执行以下任一操作。

- 选择照明**预设**以快速应用预配置的照明效果方向和强度（图15.4）。

- 更改灯光的**颜色**。

- 在"**强度**"下，更改灯光的亮度。

- 在"**旋转**"下，调整灯光的角度方向。

- 在"**高度**"下，调整距离物体发出的光，这会影响阴影的长度。

- 在"**软化度**"下，调整灯光的扩散。

- 勾选或取消勾选"**环境光**"复选框以确定是否存在可见的全局照明，并修改其**强度**。

- 在"**暗调**"下，确定是否将阴影应用于效果。

- 在"**位置**"下，确定阴影是在对象的后面还是下面。

- 在"**到对象的距离**"下，调整对象和阴影之间的空间。

- 在"**阴影边界**"下，调整阴影边界的大小。

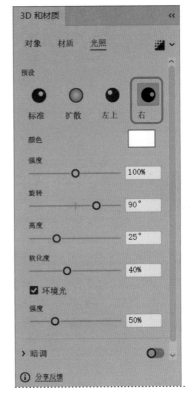

图 15.4 将光照预设应用于3D对象

使用3D小部件手动调整对象的旋转

3D窗口小部件针对使用3D和材质面板应用效果的选定对象显示（**图15.5**）。

选定3D对象后，执行以下任一操作。

- 单击并向上或向下拖动小部件的水平条，以绕其X轴旋转对象（**图15.6**）。

- 单击并向右或向左拖动小部件的垂直条，以绕其Y轴旋转对象（**图15.7**）。

- 单击并拖动小部件的外圆，以绕其Z轴旋转对象（**图15.8**）。

- 单击并拖动小部件的中心圆以自由旋转对象（**图15.9**）。

图15.5 3D窗口小部件与选定的3D对象一起显示

图 15.6 绕X轴旋转3D对象

图 15.7 绕Y轴旋转3D对象

图 15.8 绕Z轴旋转3D对象

图 15.9 绕中心自由旋转3D对象

 视频 15.1
使用3D和材质面板

扫码看视频

 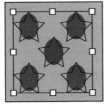

图 15.10 使用绝对尺寸应用椭圆形状效果

 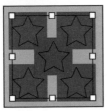

图 15.11 使用相对尺寸应用矩形效果

将一个形状转换为另一个形状

通过"转化为形状"效果，可以尝试将对象更改为基本形状或将一个形状转换为另一个形状。这在创建模式时特别有用。

选定对象后，执行以下操作。

1. 执行"效果|转换为形状|[形状效果名称]"命令。

2. 在"形状选项"对话框中，选中"绝对"单选按钮并使用对象自己的尺寸调整对象的大小（图15.10），或选中"相对"单选按钮并使用原始对象的边界调整对象的尺寸（图15.11）。

3. 单击"确定"按钮。

将裁剪标记应用于对象

要应用裁剪标记作为效果，执行以下操作（图15.12）。

1. 选择对象或对象组。

2. 执行"效果|裁剪标记"命令。

图 15.12 将裁剪标记应用于一组对象

TIP 除非要对每个选定对象应用单独的裁剪标记，否则确保在应用效果之前对其进行分组。

将扭曲和变换效果应用于对象

扭曲和变换效果（图15.13）让用户可以轻松重塑对象外观，以创建视觉兴趣。

选定对象后，执行以下操作。

1. 在效果菜单或fx按钮中执行"**扭曲和变换|**[效果名称]"命令。

2. 在相应的对话框中，根据需要自定义效果设置，然后单击"**确定**"按钮。

原始图形

自由扭曲

收缩

膨胀

粗糙化

变换

扭拧

扭转

波纹效果

图15.13 扭曲和变换效果示例

将偏移路径效果应用于对象

选择对象后，执行以下操作（**图15.14**）。

1. 在效果菜单或fx按钮中，执行"**路径|偏移路径**"命令。

2. 在**偏移路径**对话框中，根据需要自定义设置，然后单击"**确定**"按钮。

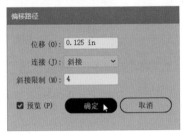

图 15.14 将偏移路径效果应用于选定对象

将轮廓化对象效果应用于文本

将轮廓化对象效果应用于文本对象，可以将其视为路径对象，同时仍保留其文本属性。

选择文本对象后，执行以下操作。

- 在效果菜单或fx按钮中，执行"**路径|轮廓化对象**"命令。

将轮廓化描边效果应用于对象

将轮廓化描边效果应用于对象，可以将其描边视为形状，同时仍保留其描边属性。

选定描边对象后，执行以下操作。

- 在效果菜单或fx按钮中，执行"**路径|轮廓化描边**"命令。

将路径查找器效果应用于对象

将路径查找器效果应用于对象，可以通过将对象组合为新形状或将其分割为单独的形状来更改对象的外观，同时保持原始对象的完整性。

选定对象后，执行以下操作。

- 在效果菜单或fx按钮中执行"**路径查找器|[效果名称]**"命令。

TIP 路径查找器效果是一项高级功能。在大多数情况下，使用路径查找器面板更合适。有关各个路径查找器效果的描述，参阅第13章"使用面板修改对象"部分的"定义的路径查找器面板操作"侧栏。

将栅格化效果应用于对象

栅格化效果可以预览矢量图形在转换为位图图像时的显示方式，同时保留其矢量属性。

选择对象后，执行以下操作（图15.15）。

1. 在效果菜单或fx按钮中选择"**栅格化**"命令。

2. 在"**栅格化**"对话框中，根据需要自定义设置，然后单击"**确定**"按钮。

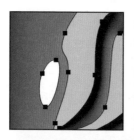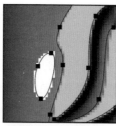

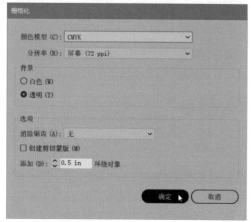

图 15.15 将栅格化效果应用于选定对象

TIP 当栅格化具有多个重叠路径的作品时，需确保在应用效果之前对其进行分组。

栅格化设置选项

如果要将栅格化的图片用于与原始图片不同的目的（颜色到灰度或位图），需更改**颜色模型**。

调整**分辨率**以确定每英寸像素数（ppi）。

选择栅格化区域的背景是否为**白色**或**透明**。

根据希望像素的显示方式选择"**消除锯齿**"选项。

- "**无**"生成不平滑的可见像素步长。

- "**优化图稿（超像素取样）**"为没有文本元素的艺术品应用最合适的抗锯齿。

- "**优化文字（提示）**"对包含文本元素的作品应用最合适的抗锯齿。

如果要将平滑向量边应用于原始向量路径的外部，作为像素元素的剪切蒙版，需勾选"**创建剪切蒙版**"复选框。

调整"**添加**"值以包括栅格化图像的填充。

原始图形

投影

羽化

内发光

外发光

圆角

涂抹

图 15.16 风格化效果示例

将Illustrator风格化效果应用于对象

风格化效果（图15.16）可以轻松地为对象添加深度、照明和艺术外观。

选择对象后，执行以下操作。

1. 在**效果**菜单或**fx**按钮中执行"**风格化**|[效果名称]"命令。

2. 在相应的对话框中，根据需要自定义效果设置，然后单击"**确定**"按钮。

Illustrator 风格化设置选项

选择"**模式**"以设置放置阴影和发光效果的混合模式。

调整"**不透明度**"以确定阴影或辉光效果的透明度。

调整"**X偏移**"和"**Y偏移**"以确定阴影效果与对象的水平和垂直距离。

调整"**模糊**"以确定与应该发生模糊的阴影或辉光边缘的距离。

调整"**阴影**"或"**光晕**"的颜色。

调整"**暗度**"以设置应用于阴影的黑色级别。

调整"**羽化**"或"**圆角**"效果的"**半径**"的大小。

对于"**涂抹**"效果，选择默认值设置或自定义效果显示行为的**角度**、**路径重叠**、**变化**和**线条选项**。

将SVG滤镜效果应用于对象

SVG滤镜（可缩放矢量图形）效果（图15.17）是独立于分辨率、基于XML的属性，可在基于Web的目的导出SVG文件时使用。效果将作为代码导出，供浏览器渲染。

选择对象后，执行以下操作。

- 在效果菜单或fx按钮中执行"SVG滤镜|应用SVG滤镜"命令。

原始图形

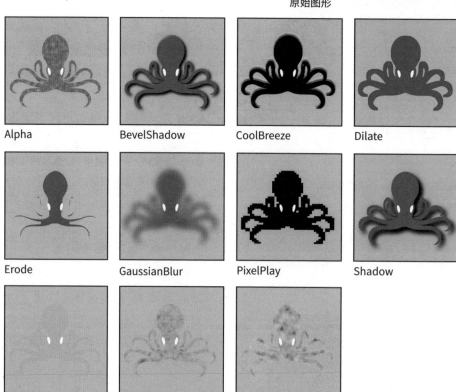

Alpha

BevelShadow

CoolBreeze

Dilate

Erode

GaussianBlur

PixelPlay

Shadow

Static

Turbulence

Woodgrain

图 15.17 SVG滤镜效果示例

TIP 还可以通过选择导入SVG滤镜来导入SVG过滤效果。此外，通过选择应用SVG滤镜并应用XML代码，用户可以编辑或创建自己的滤镜。

原始图形

将变形效果应用于对象

变形效果（图15.18）通过使用可定制的预设变形形状和变形作品的外观来创造视觉效果。

选择对象后，执行以下操作。

1. 在效果菜单或fx按钮中执行"变形|[效果名称]"命令。

2. 在"变形选项"对话框中根据需要自定义设置，然后单击"确定"按钮。

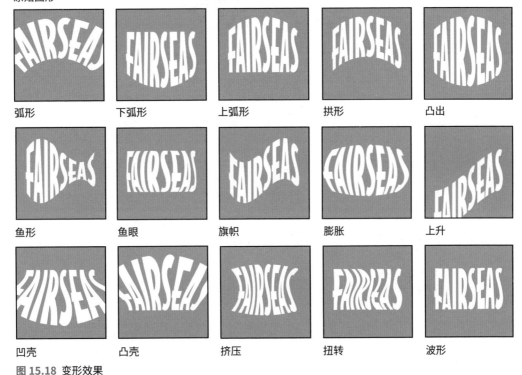

弧形   下弧形   上弧形   拱形   凸出

鱼形   鱼眼   旗帜   膨胀   上升

凹壳   凸壳   挤压   扭转   波形

图 15.18 变形效果

TIP 除了对象和文本之外，变形效果还可以应用于光栅图像、混合对象和网格对象。

视频 15.2
应用Illustrator效果

扫码看视频

应用 Photoshop 效果

Photoshop 效果可以添加传统的艺术外观或照明和失真效果。

使用效果库对话框应用光栅效果

在效果库对话框中，执行以下操作。

1. 单击其中一个类别中的效果缩略图（图15.19中的C）或从效果菜单中选择一个选项（图15.19中的D）。

2. （可选）调整所选效果选项的设置（图15.19中的E）。

访问效果库对话框

大多数Photoshop效果（模糊、像素和视频除外）都包含在效果库对话框中（图15.19），它为实验各种光栅效果提供了有效的视觉工作空间。

执行以下操作。

1. 选择要应用效果的对象，并将其分组（执行"对象|编组命令"）。

2. 在效果菜单或fx按钮中选择效果库。

> **TIP** 使用效果菜单选择包含在效果库中的效果将自动打开效果库对话框。

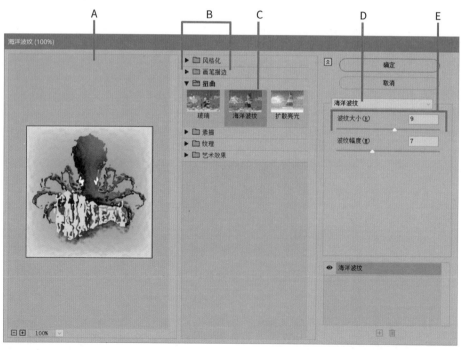

图 15.19

A、预览区域　　B、效果类别　　C、选定效果缩略图　　D、效果选择菜单　　E、选定的效果选项

艺术效果

艺术效果（**图15.20**）复制了传统艺术媒体的外观。

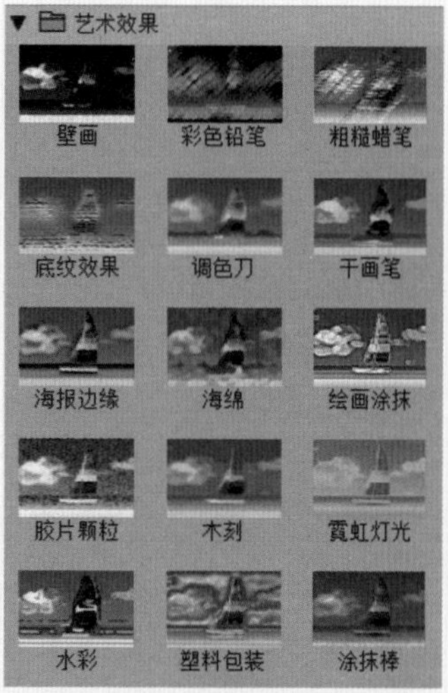

- **"彩色铅笔"** 在实心背景上应用交叉阴影外观，保留重要边缘。

- **"木刻"** 为图像元素创建粗略切割的彩色纸张的外观。

- **"干画笔"** 复制了传统的绘画技术，减少了颜色的数量，从而简化了图像。

- **"胶片颗粒"** 将均匀图案应用于图像的中间色调和阴影色调，并将更多饱和度图案应用于较亮的区域，从而统一元素外观并消除条带。

- **"壁画"** 复制了传统的粗糙绘画技术，使用仓促的短而圆的笔画。

- **"霓虹灯光"** 通过向各种元素添加不同的辉光类型，软化图像的外观并使其着色。

- **"绘画涂抹"** 复制了传统的绘制技术，允许用户自定义笔刷类型和大小。

- **"调色刀"** 复制了传统的绘画技术，减少了图像的细节。

- **"塑料包装"** 创建了在图像上应用透明光泽覆盖的外观，强调了表面细节。

- **"海报边缘"** 将黑线应用于元素边缘，并根据用户选择的值减少图像中的颜色数。

- **"粗糙蜡笔"** 复制了传统的彩色粉笔技术，在纹理背景上使用笔画。

- **"涂抹棒"** 复制了传统的艺术技巧，通过使用短对角线涂抹较暗的区域来软化图像，并使较亮的区域变亮和扩散。

- **"海绵"** 复制了传统的绘画技术，在图像具有对比色的区域使用大量纹理。

- **"底纹效果"** 复制了传统的绘画技术，即在纹理背景上绘制图像，然后再在纹理背景之上绘制。

- **"水彩"** 复制了传统的绘画技术，使用液体笔刷外观简化了图像细节，并使色调对比边缘的颜色饱和。

图 15.20 效果库对话框中的艺术效果

画笔描边效果

画笔描边效果（**图15.21**）复制了传统的墨水、画笔和绘画材料的视觉效果。

- **"强化的边缘"** 强调图像中元素的边缘。应用于"边缘亮度"的高参数值复制白色粉笔，而低参数值复制黑色墨水。

- **"成角的线条"** 应用对角线笔画重新绘制图像，对于较亮的区域使用单个方向，对于较暗的区域使用相反方向的笔画。

- **"阴影线"** 保留原始图像的完整性，通过向边缘添加粗糙度和向彩色区域添加纹理来模拟铅笔图案填充。

- **"深色线条"** 将较短的笔画应用于暗区域，将较长的笔画用于较亮的区域。

- **"墨水轮廓"** 在原始图像上应用窄笔和墨水细线。

- **"喷溅"** 复制喷枪的飞溅。应用较高的值时，图像细节会减少。

- **"喷色描边"** 使用主色复制喷枪的倾斜笔画。

- **"烟灰墨"** 使用湿毛刷复制传统的日本墨水在宣纸上的技术，产生了边缘柔软的丰富黑色。

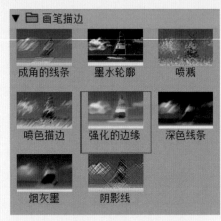

图 15.21 效果库对话框中的画笔描边效果

扭曲效果

扭曲效果（**图15.22**）使用几何配置来重塑和扭曲图像。

- **"扩散亮光"** 使用软扩散过滤器进行复制以查看图像，其亮光从选定区域的中心淡出。

- **"玻璃"** 通过使用提供的预设或创建自己的预设，使用不同的玻璃类型复制图像以查看图像。

- **"海洋波纹"** 通过在艺术品上应用随机涟漪，将图像复制为水下的样子。

图 15.22 **效果库对话框中的扭曲效果**

素描效果

素描效果（**图15.23**）复制了传统的手绘技术，也为外观添加了纹理。

- **"基底凸现"** 复制了低浮雕雕刻，突出了图像表面的变化。

- **"粉笔和炭笔"** 复制了这些绘画材料，在浅色区域使用粗粉笔笔画，在深色区域使用斜线木炭笔画，中间色调使用纯灰色。

- **"炭笔"** 复制此绘图材质，以对图像应用污迹的后处理效果。

- **"铬黄渐变"** 改变了图像的外观，使其看起来像是高度抛光的金属表面上的反射。

- **"碳精笔"** 用黑色表示黑暗区域，白色表示光明区域，复制了这种绘画材料。

- **"绘图笔"** 使用窄笔和墨水细笔画复制此绘图材料，以替换图像细节，黑色墨水用于暗区，白色纸张用于亮区。

- **"半调图案"** 在应用半色调屏幕外观时保持图像的连续色调。

- **"便条纸"** 使用切割纹理纸层复制图像元素，创建浮雕效果。顶层的深色区域在纸上显示为洞。

- **"影印"** 创建黑白影印图像的外观。大面积的黑暗往往只在边缘附近复制。

- **"石膏效果"** 将图像的外观创建为黑白，并在石膏中成型。

- **"网状"** 复制点画，并创建薄膜乳液受控收缩和变形的外观。这会导致阴影区域出现聚集，而高光区域出现轻微纹理。

- **"图章"** 复制图像的橡胶或木章印象。

- **"撕边"** 为图像元素创建一张破旧的黑白相间的纸。

- **"水彩画纸"** 使用混合和流动的彩色斑点涂料涂抹来创建潮湿纹理纸的外观。

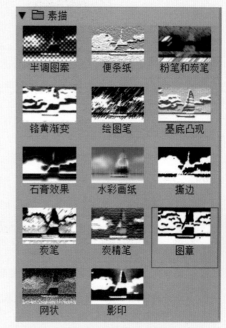

图 15.23 效果对话框中的素描效果

Photoshop 风格化

Photoshop **风格化**类别（**图15.24**）包含**照亮边缘**效果，它会置换像素并增加图像对比度，从而产生印象主义或发光的外观。

图 15.24 效果库对话框的风格化类别中的照亮边缘效果

纹理效果

纹理效果（**图15.25**）为作品增加了深度、有机质或物质的外观。

- **"龟裂缝"** 将图像的外观绘制在高浮雕的石膏表面上，形成了与图像轮廓相关的微妙裂缝网络。

- **"颗粒"** 模拟各种类型的颗粒（规则、柔软、喷溅、聚集、对比、放大、点状、水平、垂直或斑点）。

- **"马赛克拼贴"** 创建由小瓷砖或碎片组成的图像外观，瓷砖之间有水泥浆。

- **"拼缀图"** 使用图像在该区域内的主要颜色将图像划分为单色相邻方块。

- **"染色玻璃"** 使用图像在该区域内的前主色将图像分割为单色相邻单元格，并使用前景色勾勒出它们的轮廓。

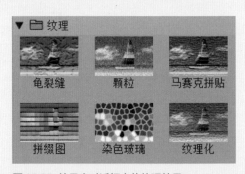

图 15.25 效果库对话框中的纹理效果

- **"纹理化"** 使用提供的预设或在Photoshop中创建自定义的图像，为图像添加纹理外观。

模糊设置

高斯模糊增加了模糊的模拟。

径向模糊模拟摄影机镜头效果。

- 使用同心圆路径和指定旋转进行**自旋模糊**。

- 放大和缩小时，**缩放**呈放射状模糊。

- **模糊中心**框允许用户通过拖动图案来设置模糊原点。

智能模糊可以精确确定模糊外观。

- "半径"设置搜索不同像素的区域大小。

- "阈值"设置要包含的像素需要有多大的差异。

- "品质"会模糊整个选择。

- "仅边"和"叠加"仅模糊颜色过渡边。

TIP 将模糊效果应用于多个对象时，需确保先将其分组。

应用模糊效果

模糊效果（图15.26）让用户可以为作品添加模糊或动态的外观。

选定对象后，执行以下操作。

1. 在效果菜单或fx按钮中执行"模糊|[效果名称]"命令。

2. 在相应的对话框中，根据需要自定义设置，然后单击"确定"按钮。

原始图形

高斯模糊

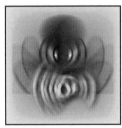
径向模糊

特殊模糊

图 15.26 光栅模糊效果示例

视频 15.3
应用Photoshop效果
扫码看视频

应用像素化效果

像素化效果（图15.27）将具有相似颜色值的相似相邻像素聚集在一起，为图片添加清晰的定义。

选定对象后，执行以下操作。

1. 在**效果**菜单或**fx**按钮中执行"像素化|[效果名称]"命令。

2. 在相应的对话框中，根据需要自定义设置，然后单击"确定"按钮。

应用视频效果

视频效果可以优化从数字视频源捕获的图像的外观。

选定对象后，执行以下操作。

1. 在**效果**菜单或**fx**按钮中执行"视频|[效果名称]"命令。

2. 在相应的对话框中，根据需要自定义设置，然后单击"确定"按钮。

彩色半调

晶格化

铜版雕刻

点状化

图 15.27 像素化效果示例

16

管理外观属性

属性和外观面板可帮助用户轻松修改作品的外观属性。将应用的属性保存为图形样式可以有效地将其应用于其他元素。

本章内容

使用属性面板修改应用的效果

除填充和描边外，**属性**面板还允许用户访问单独应用的效果。但是，必须使用**外观**面板访问多个应用的效果。

使用属性面板修改或删除效果

在选定对象且**特性**面板处于活动状态的情况下，执行以下任一操作。

- 单击效果名称以打开相应的对话框或面板来编辑效果（图16.1）。
- 单击效果名称旁边的"**删除效果**"图标以删除该效果（图16.2）。
- 如果一个带有字母"i"图标的圆圈可见（图16.3），意味着存在多个应用于选择的效果。打开**外观**面板以修改或删除它们。

图 16.1 单击应用的效果名称以修改其设置

TIP 应用后，无法通过在效果菜单或fx按钮中选择效果来编辑效果。使用效果菜单或fx按钮将对选择对象应用效果的副本。

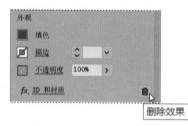

图 16.2 移除应用的效果

图 16.3 应用了多种效果的选定组

使用外观面板

外观面板(图16.4)使用层次结构帮助用户查看和修改选择的应用属性和效果。

访问外观面板

执行以下任一操作。

- 单击属性面板的外观部分中的"打开"外观"面板"按钮(图16.5)。

- 执行"窗口|外观"命令。

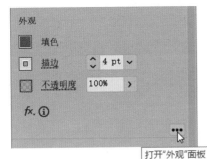

图 16.5 单击按钮从属性面板打开外观面板

查看其他应用的属性

如果选择包含组或多个层,则外观面板将显示"内容"行,而不是选择的所有属性。

在外观面板中,执行以下操作(图16.6)。

- 双击"内容"行以查看其他属性。

TIP 要再次查看应用的效果,单击顶行。

图 16.4

A.面板菜单 B.添加新描边 C.添加新填色 D.添加新效果 E.清除外观 F.复制所选项目 G.删除所选项目

图 16.6 在外观面板中查看其他属性

使用外观面板修改应用的属性或效果

在选定对象且外观面板处于活动状态的情况下，执行以下任一操作。

- 单击带下画线的效果或属性名称以打开相应的对话框或面板。
- 双击效果或属性行以打开相应的对话框或面板。

显示/隐藏属性或效果

在外观面板中，执行以下操作（图16.7）。

- 单击项目的眼睛图标。

图 16.7 隐藏应用的效果

使用外观面板删除应用的属性或效果

在选定对象且外观面板处于活动状态的情况下，执行以下任一操作。

1. 单击以选择效果或属性。

2. 单击"删除所选项目"图标（图16.4中的G）或在面板菜单中选择"移除项目"选项。

移除所有外观属性或效果

在选定对象且外观面板处于活动状态的情况下，执行以下任一操作。

- 单击"清除外观"按钮（图16.8）。
- 在面板菜单中选择"清除外观"选项。

图 16.8 从组中移除应用的效果

TIP 如果还想从选择中移除所有填充和描边属性，双击"内容"行来访问它们。

添加属性或效果

选择要在上面置入新效果或属性的效果或属性后，在**外观面板**中执行以下任一操作。

- 单击"**添加新描边**"按钮（图16.4中的B）或在面板菜单中选择"**添加新描边**"选项（图16.9）应用新描边。

- 通过单击"**添加新填色**"按钮（图16.4中的C）或在面板菜单中选择"**添加新填色**"选项来应用新填充。

- 通过单击"**添加新效果**"按钮（图16.4中的D）或在面板菜单中选择"**添加新效果**"选项来应用新效果。

图 16.9 在现有描边和填充之间添加和自定义新描边属性

重新组织属性或效果

在**外观面板**中，选中要移动的效果或属性，执行以下操作（图**16.10**）。

- 单击并将项目拖动到所需位置。

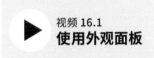

视频 16.1
使用外观面板

扫码看视频

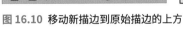

图 16.10 移动新描边到原始描边的上方

使用图形样式

图形样式面板 (图16.11) 允许用户快速将属性应用到对象或保存它们以与其他元素一起使用。

访问图形样式面板

执行以下任一操作。

- 执行 "窗口|图形样式" 命令。
- 在工作区中单击图形样式缩略图 (图16.12)。

应用图形样式

对于要应用图形样式的对象,执行以下操作。

- 在图形样式面板中,单击样式缩略图。

删除应用的图形样式

对于要删除图形样式的对象,执行以下操作之一。

- 在图形样式面板中,单击 "默认图形样式" 缩略图 (图16.11中的A) 以应用黑色描边和白色填充。
- 在外观面板中,单击 "清除外观" 按钮 (图16.13) 删除所有属性和效果,使其不可见。

从面板中删除图形样式

在图形样式面板中选择样式缩略图后,执行以下操作之一。

- 单击 "删除图形样式" 按钮 (图16.11中的G)。
- 在面板菜单中选择 "删除图形样式" 选项。

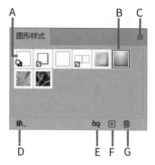

图 16.11

A. 默认图形样式　B. 应用的图形样式　C. 面板菜单
D. 图形样式库菜单　E. 断开图形样式链接
F. 新建图形样式　G. 删除图形样式

图 16.12 从缩略图打开图形样式面板

图 16.13 使用外观面板从对象中删除应用的图形样式

创建图形样式

对于要创建图形样式的对象,执行以下操作。

1. 在**外观**面板中,选择是否要从应用的效果或属性创建样式。

2. 在**图形样式**面板中,执行以下操作之一。

   单击"新建图形样式"按钮(图16.11中的F),将属性添加为未命名样式。

   在面板菜单中选择"新建图形样式"选项,然后使用"图形样式选项"对话框输入样式名称(图16.14)。

TIP 断开选定内容与图形样式的链接时,它会保留所有应用的样式属性,但修改的属性除外。

重命名图形样式

在**图形样式**面板中,执行以下任一操作以打开"图形样式选项"对话框并重命名样式。

- 双击样式缩略图。

- 选择样式缩略图,然后在面板菜单中选择"图形样式选项"选项。

TIP 组织图形样式时,确保未选择任何对象,以免无意中将样式应用于这些对象。

断开与图形样式的应用链接

选择具有应用样式的对象后,执行以下操作之一。

- 在**图形样式**面板中,单击"断开图形样式链接"按钮(图16.11中的E)或在面板菜单中选择"断开图形样式链接"选项。

- 更改选择的任何外观属性(填充、描边、效果等)。

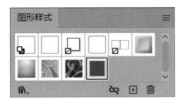

TIP 从选择的属性创建图形样式时,它也会自动应用于外观面板中。

图 16.14 创建新图形样式

使用图形样式库

图形样式库包含在图形样式面板中打开的预设图形样式的集合。

打开图形样式库

执行以下任一操作。

- 在图形样式面板中，通过单击"图形样式库"按钮（图16.15）或在面板菜单中选择"打开图形样式库"选项来选择库。

- 执行"窗口|打开图形样式库|[库名称]"命令。

TIP 图形样式库面板的选项可以应用和排列，但不能修改或删除。

创建图形样式库

在图形样式面板中，执行以下操作。

1. 根据需要组织图形样式。

2. 在"图形样式库"按钮菜单中选择"保存图形样式"选项，或在面板菜单中选择"存储图形样式库"选项。

TIP 将库文件保存到默认位置可以使其显示在图形样式库菜单的"用户定义"子菜单下。

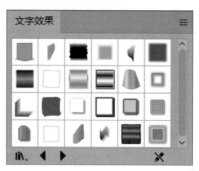

图 16.15 使用图形样式库菜单打开图形样式库

将库的图形样式添加到图形样式面板

执行以下任一操作。

- 在库面板中选中样式缩略图后，将其拖动到图形样式面板中，或在面板菜单中选择"添加到图形样式"选项。

- 将样式应用于对象，以自动将其添加到图形样式面板。

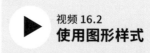

视频 16.2
使用图形样式

扫码看视频

导入资源

Illustrator可以识别所有常见的矢量和栅格文件格式，允许用户轻松地将其他作品和图像融入文档的设计中。

本章内容

置入文件

在导入文档时，使用"置入"命令导入图片可以提供最多的功能和支持。

置入链接文件

执行以下操作（图17.1）。

1. 执行"**文件|置入**"命令打开对话框并选择文件。

2. 勾选"**链接**"复选框。

3. 单击"**置入**"按钮。

4. 在文档窗口中，将光标定位到要置入文件左上角的位置。

5. 单击以置入文件。

TIP 选中时，链接置入的图像将显示交叉阴影。

链接与嵌入文件

置入作品或图像文件时，可以选择是链接还是嵌入它们。

链接的文件连接到文档，但也独立于文档。保留原始文件并减小文件大小，只能通过修改源文档来编辑链接的文件。

嵌入文件是源文档的完整可编辑副本。嵌入的文件将增加文档的大小。

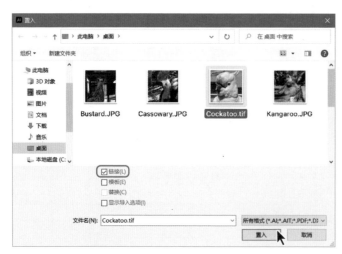

图 17.1 置入链接的图像文件

TIP Illustrator还允许用户使用Shift或Command/Control快捷键在对话框中选择多个文件，并一次置入一个文件。光标将显示加载的文件数量，并在文档窗口中单击时按顺序置入。

TIP 用户还可以通过将链接文件从计算机的桌面窗口拖动到Illustrator文档窗口来置入该文件。

置入嵌入文件

执行以下操作（图17.2）。

1. 选择"**文件置入**"选项打开对话框并选择文件。

2. 取消勾选"**链接**"复选框。

3. 单击"**置入**"按钮。

4. 在文档窗口中，将光标定位到要置入的位置文件的左上角。

5. 单击以置入文件。

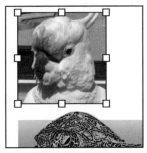

图 17.2 置入嵌入的图像文件

TIP 用户还可以通过使用"复制/剪切"和"粘贴"命令或将其从计算机桌面窗口拖动到Illustrator文档窗口时按Shift键来添加嵌入元素。

将图像文件作为Illustrator文档打开

当用户直接在Illustrator中打开图像文件时，图像将使用最近选择的Illusttrator画板尺寸作为嵌入文件置入（图17.3）。

要从**主屏幕**打开图像文件，执行以下任一操作。

- 单击"**打开**"按钮，然后导航以选择图像文件。

- 单击"**最近使用项**"部分下列出的图像文件。

要从**应用程序界面**打开图像文件，执行以下操作之一。

- 执行"**文件|打开**"命令并导航到图像文件。

- 执行"**文件|最近打开的文件**"命令，然后在关联菜单中选择最近打开的图像文件。

图 17.3 在Illustrator中打开图像文件

管理置入的文件

链接面板(**图17.4**)提供对文档中所有置入的插图文件的访问和信息。

控制面板的对象类型和链接部分(**图17.5**)允许用户管理所选置入的插图文件的设置。

打开链接面板

执行以下任一操作。

- 执行"窗口|链接"命令。
- 单击控制面板中带下画线的**对象类型**名称(**图17.5**)。

查看置入的文件的信息

执行以下操作。

- 单击链接面板底部的"显示链接信息"按钮(**图17.6**)。

图 17.6 显示选定文件的链接信息

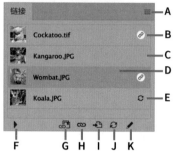

图 17.4

A. 面板菜单　B. 嵌入式文件　C. 链接的文件
D. 修改的链接文件　E. 选定的文件　F. 显示链接信息
G. 从CC库重新链接　H. 重新链接　I. 转至链接
J. 更新链接　K. 在Photoshop中编辑

图 17.5 选定文件的控制面板的"对象类型(链接文件)"和"链接"部分

TIP 基本链接命令也可在属性面板的"**快速操作**"部分中使用。

查看置入的文件的元数据

元数据是可以添加到源文件中的附加信息(版权信息、描述等)。

执行以下操作。

- 在链接面板菜单中选择"**链接文件信息**"选项。

嵌入链接文件

选定链接文件后，执行以下任一操作。

- 单击控制面板的"链接"部分中的"嵌入"按钮。
- 在属性面板的"快速操作"部分中单击"嵌入"按钮。
- 在链接面板菜单中选择"嵌入图像"选项。

链接嵌入的文件

选择嵌入文件后，执行以下操作。

1. 单击控制或属性面板中的"取消嵌入"按钮，或在链接面板菜单中选择"取消嵌入"按钮。
2. 在"取消嵌入"对话框中选择文件格式，然后将文件保存到所需位置。

更新修改的链接文件

如果源文件在放入文档后被修改（图17.4中的E），在链接面板中执行以下操作之一。

- 单击"更新链接"按钮（图17.4中的J）。
- 在面板菜单中选择"更新链接"选项。

TIP 当文件在Illustrator之外被修改时，Illustrator还将使用警告对话框提醒用户，允许用户通过单击"是"按钮来更新文件。

替换置入的文件

选择要替换的文件后，执行以下任一操作（图17.7）。

- 执行"文件|置入"命令，并在选择替换文件的情况下选择"替换"选项。
- 在链接面板中单击"重新链接"按钮（图17.4中的H），或在面板菜单中选择"重新链接"选项，在对话框中选择替换文件。

图 17.7 用其他链接文件替换嵌入的图像文件

修改链接的源文件

执行以下任一操作。

- 在链接面板中，单击"在Photoshop中编辑"按钮（图17.4中的K），或在面板菜单中选择"在Photoshop中编辑"选项。
- 在控制或属性面板中单击"在Photoshop中编辑"按钮。

TIP 如果安装了Photoshop，链接的图像文件将在Photoshop中显示"编辑"，而不是"编辑原始图像"。有关详细信息，参阅本章的"导入Photoshop（.psd）文件"部分。

使用图像描摹将栅格图像转换为矢量图像

图像描摹面板（图17.8）允许用户使用预设或强大的自定义设置集合，轻松将数字或扫描图像和绘图转换为矢量作品。

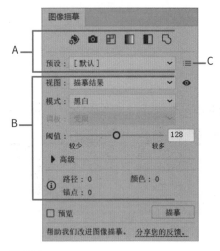

图 17.8
A. 预设按钮和菜单　B. 可自定义设置　C. 管理预设按钮

使用预设应用图像描摹

选择图像后，执行以下任一操作（图17.9）。

- 在图像描摹面板中，单击预设按钮或在"预设"菜单中选择设置。
- 在控制面板中，在图像描摹菜单按钮中选择预设（图17.10）。

访问图像描摹面板

执行以下任一操作。

- 执行"窗口|图像描摹"命令。
- 切换到"描摹"工作空间，然后选择图像描摹面板选项卡。

原始图形

低保真度图片　　灰阶　　黑白徽标

6色　　3色　　素描图稿

图 17.9 图像描摹预设示例

图 17.10 图像描摹菜单按钮中的预设选项

使用自定义选项应用图像描摹

在选定图像且图像描摹面板处于活动状态的情况下，执行以下任一操作。

- 选择"视图"以确定描摹对象的显示方式。

- 选择"模式"以确定描摹结果的颜色模式。

- 如果选择"彩色"模式，需选择用于生成描摹的"调板"选项。

- 通过研究"高级"按钮下的其他选项深入了解。

使用默认（黑白）设置应用图像描摹

选定图像后，执行以下任一操作。

- 执行"对象|图像描摹|建立"命令。

- 单击控制或属性面板中的"图像描摹"按钮。

将自定义描摹设置保存为预设

在图像描摹面板中激活自定义设置后，执行以下操作。

1. 在"预设"部分中，单击"管理预设"按钮（图17.8中的C）和选择"存储为新预设"选项。

2. 在"存储图像描摹预设"对话框中，输入名称并单击"确定"按钮。

视频 17.1
使用置入的图像和图像描摹

扫码看视频

显示描摹的轮廓

执行以下操作。

- 在图像描摹面板视图下，选择"描摹结果（带轮廓）"选项（图17.11）。

描摹结果（默认）　　　　描摹结果（带轮廓）

轮廓　　　　　　　　　　轮廓（带源图像）

图 17.11 描摹轮廓视图

将描摹结果转换为路径

转换描摹结果是将其作为矢量对象处理的重要一步。

选择结果后，执行以下操作。

1. 在控制或属性面板中单击"扩展"按钮，或执行"对象|图像描摹|扩展"命令。

2. 通过单击属性面板中的"取消编组"按钮或执行"对象|取消编组"命令，解组路径。

导入Photoshop (.psd) 文件

当用户在Illustrator中打开或置入嵌入的Photoshop文件时，用户可以选择保留Photoshop的许多功能，包括层、文本和路径（**图17.12**）。

访问Photoshop导入选项对话框

执行以下任一操作。

- 将.psd文件置入为嵌入文件（取消选择链接），并选择显示选项（**图17.13**）。

- 在Illustrator中打开.psd文件（**图17.14**）。

图17.12 在Illustrator中保留Photoshop层结构

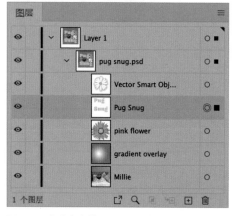

图17.13 包含文本的Photoshop文件置入在Illustrator中

图17.14 在Illustrator中打开包含文本的Photoshop文件

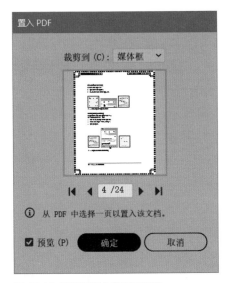

图 17.15 选择要置入的PDF页面

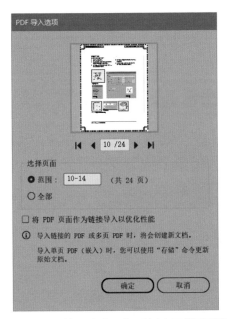

图 17.16 选择要在自己的画板中打开的页面范围

导入Acrobat (.pdf) 文件

Illustrator允许用户确定打开或置入PDF文档时导入的页面。置入文件可以选择单个页面，而打开PDF文件可以选择在自己的画板上打开的多个页面。

使用页面选项置入PDF文件

执行以下操作。

1. 置入PDF文件时，需在对话框中选择"显示导入选项"选项，然后单击"置入"按钮。

2. 在"置入PDF"对话框中，选择要"裁切到"的源以及要置入的PDF页面（图17.15）。

3. 单击"确定"按钮。

使用页面选项打开PDF文件

选择要在Illustrator中打开的文件，然后在"PDF导入选项"对话框中，执行以下任一操作（图17.16）。

- 使用导航窗口查看页面缩略图。

- 使用"范围"选项选择要打开的页面。

- 选中"全部"单选按钮打开每个页面。

- 通过勾选"将PDF页面作为链接导入以优化性能"复选框将页面作为链接文件打开，以获得最佳性能。

导入文本文档

Illustrator支持导入大多数Microsoft Word（.doc和.docx）格式，以及rtf格式和纯文本格式（.txt）。

TIP 有关使用文本的更多信息，参阅第11章"添加和自定义文本"部分。

在Illustrator中打开文本文档

执行以下操作（图17.17）。

1. 执行"**文件|打开**"命令。

2. 在"**打开文件**"对话框中，选择文本文档，然后单击"**打开**"按钮。

3. （可选）如果要打开Word文档，选择要自定义的项，然后单击"**确定**"按钮。

在Illustrator中置入文本文档

执行以下操作。

1. 执行"**文件|置入**"命令。

2. 在"**置入文件**"对话框中，选择文本文档，然后单击"**打开**"按钮。

3. （可选）如果要打开Word文档，选择要自定义的项，然后单击"**确定**"按钮。

TIP 置入的文本文档只能嵌入，不能链接。

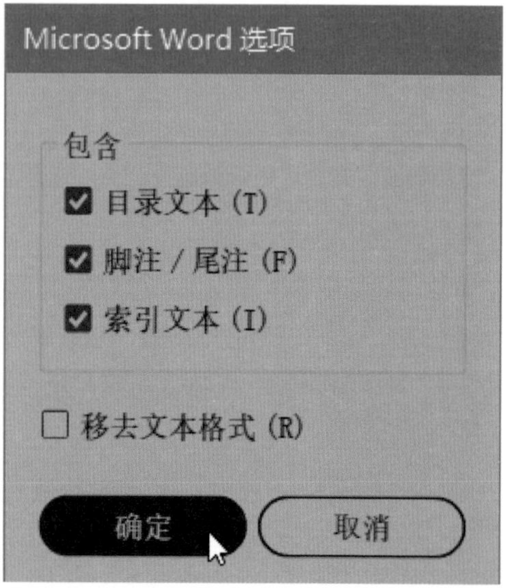

图 17.17 在Illustrator中打开Microsoft Word文档

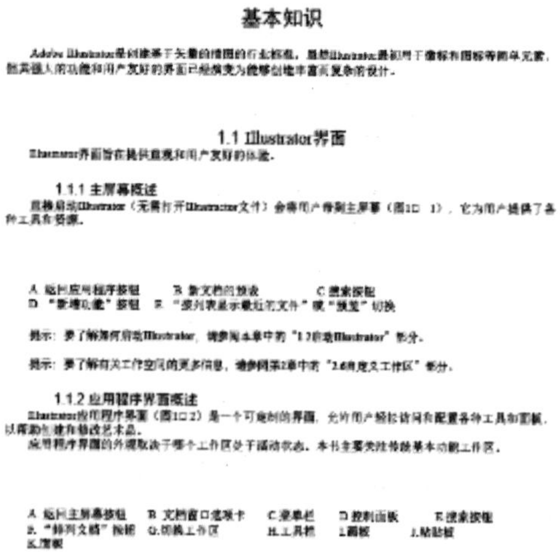

18

保存/导出文件和资源

Illustrator提供了许多工具，可以确保使用项目类型的适当设置有效地保存和导出文件。

最大限度地提高文档利用率

在发布或上传文档之前,可以执行许多操作以最大限度地提高文档的效率。

删除不需要的元素

执行以下任一操作。

- 删除未使用的图层、图案、色板、画笔、符号或样式。

- 删除文档不需要的隐藏对象。

- 执行"对象|路径|清理"命令删除杂散点、未着色对象和空文本路径。

- 通过对重复元素使用符号来减小文件大小。这允许Illustrator仅使用一个定义。

TIP 在导入之前,在Photoshop中完成设置的栅格图像也有助于提高效率。

栅格化复杂矢量图形

一旦确定作品是完整的,栅格化可以帮助用户减少文件大小,避免输出显示问题。

选择对象后,执行"对象|栅格化"命令,然后执行以下任一操作(图18.1)。

- 设置适当的颜色模型和分辨率。

- 选择背景是白色还是透明。

- 选择适当的消除锯齿设置。

- 选择是否保留任何专色。

TIP 执行"对象|栅格化"命令将元素永久转换为像素,删除所有矢量特征。如果用户要将栅格外观应用于矢量对象而不转换它们,需执行"效果|栅格化"命令。

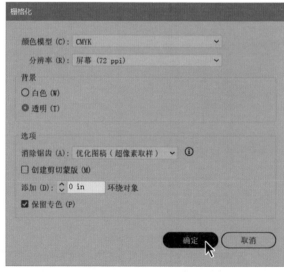

图18.1 栅格化一组复杂的矢量对象

管理颜色设置

创建文件时，在确定文档的颜色模式时，可以修改文档以及选定对象和嵌入图像的文件设置。

更改文档的颜色模式

执行以下任一操作。

- 执行"**文件|文档颜色模式|RGB颜色**"命令。
- 执行"**文件|文档颜色模式|CMYK颜色**"命令。

转换选定图元的颜色模式

选择图元后，执行以下任一操作。

- 通过执行"**编辑|编辑颜色|转换为CMYK**"或"**转换为RGB**"命令，将指定的专色转换为工艺颜色。
- 执行"**编辑|编辑颜色|转换为灰度**"命令（**图18.2**）。

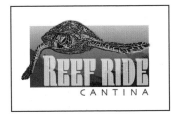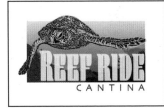

图 18.2 将选定的颜色元素转换为灰度

修改Adobe颜色管理设置

Adobe的颜色管理系统允许用户通过分配配置文件来确保颜色的一致性，这些配置文件可以解释应用的颜色是由什么创建的，以及文档的设计目的是什么。

执行以下操作（**图18.3**）。

1. 执行"**编辑|颜色设置**"命令。
2. 在设置菜单中选择预设。
3. 单击"**确定**"按钮。

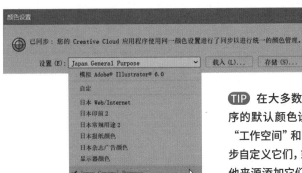

TIP 在大多数情况下，使用Adobe应用程序的默认颜色设置就足够了。但是，可以在"工作空间"和"颜色管理方案"部分下进一步自定义它们，或通过单击"载入"按钮从其他来源添加它们。

图 18.3 在"设置"菜单中选择预设

显示文档的校样设置

执行以下操作（图18.4）。

- 执行"视图|校样颜色"命令。

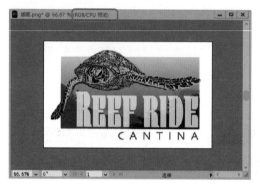

图 18.4 显示文档的校样颜色设置

访问校样设置对话框

通过执行以下操作打开"**校样设置**"对话框（图18.5）。

- 执行"视图|校样设置|自定"命令。

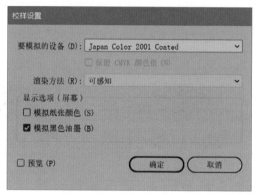

图 18.5 "校样设置"对话框

关于颜色校对

打样是对最终输出生产过程的模拟，例如印刷机。两种校对类别如下。

- **高分辨率的样稿**是最终产品的印刷样本。这些通常在优质打印机上制作，以提供准确的效果呈现。
- **低分辨率的样稿**是对最终产品的屏幕模拟。这些文件通常为PDF格式，质量也取决于看稿的监视器。

管理元数据

元数据是可以添加到文档中的信息，例如作者、描述和版权信息。

TIP 可以在文件信息对话框的"基本""摄像机数据""原点""IPTC""IPTC扩展""音频数据""视频数据"和"DICOM"部分中修改元数据字段。

修改文档的元数据

执行以下操作（图18.6）。

1. 执行"文件|文件信息"命令。
2. 根据需要修改字段，然后单击"确定"按钮。

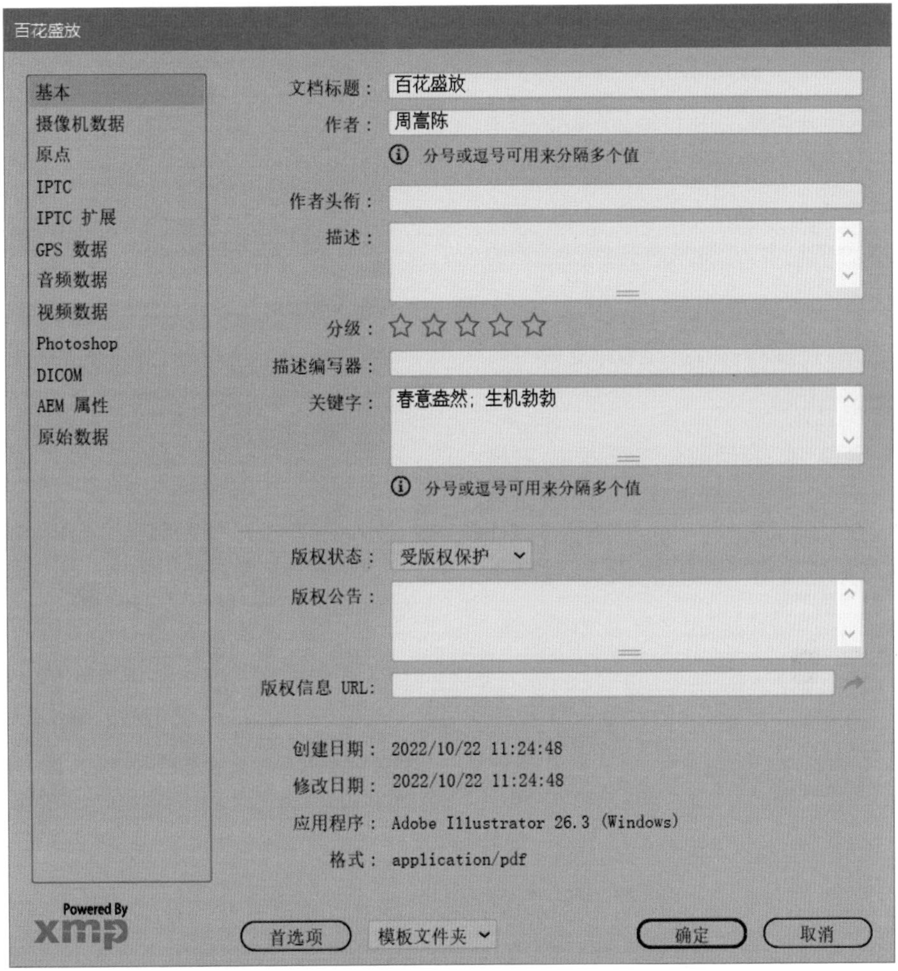

图 18.6 自定义文档的元数据

保存Illustrator文件

以Illustrator（.ai）格式保存文件有助于确保保留文档的所有功能，例如图层和效果。然而，Illustrator也提供了其他格式选项。

保存Illustrator文件

执行以下任一操作。

- 执行"**文件|存储**"命令以使用默认名称和位置保存以前保存的文档。

- 执行"**文件|存储为**"命令打开"**存储为**"对话框，并为新文件指定名称和位置（**图18.7**）。

- 执行"**文件|存储副本**"命令以创建以前保存的文件的副本。原始文件仍然是活动的打开文档。

使用替代格式保存Illustrator文件

执行以下操作。

- 在"**存储为**"或"**存储副本**"对话框中，在**格式**（macOS）或**保存类型**（Windows）菜单下选择不同的选项。

图 18.7 使用"存储为"对话框保存Illustrator文件

TIP 确保使用最新版本的Illustrator保存文件，以确保保留其所有功能。

保存文件的替代格式

EPS（Encapsulated PostScript）保留了使用Illustrator创建的许多元素。EPS文件可以包含矢量对象和光栅图像。

AIT（Illustrator Template）允许用户使用共享的公共设置和元素创建新文档。基于模板创建新文件时，将保留原始模板文件。

PDF（便携式文档格式）是文档共享的行业标准。PDF文件保留了大量源文件的字体、布局、图像和插图。

SVG（Scalable Vector Graphic，可缩放矢量图形）是一种可缩放矢量格式，通常用于交互式和Web应用程序。

SVGZ（压缩可缩放矢量图形）减少了标准SVG格式的文件大小，但也取消了使用文本编辑器应用程序修改文件的功能。

TIP 对未保存的文档执行"文件|存储"命令将打开"存储为"对话框。

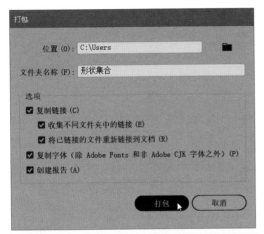

图 18.8 创建打包的文件夹和文件

TIP 如果取消勾选"收集不同文件夹中的链接"复选框，则资源副本将与Illustrator文件放在同一文件夹中。

TIP 如果取消勾选"将已链接的文件重新链接到文档"复选框，则资产副本仍会收集在包文件夹中，并且链接路径保持不变。

TIP 勾选"复制字体"复选框仅包括所需的字体，而不包括整个字体系列。

打包文件

打包文件通过收集文档的所有元素并生成包含Illustrator文件、必要字体、链接资产和打包文件信息报告的文件夹，有助于确保高效地移交。

打包Illustrator文件

打开文档后，执行"**文件|打包**"命令打开"**打包**"对话框。执行以下任一操作，然后单击"**打包**"按钮（**图18.8**）。

- 选择保存打包文件夹的位置。

- 为打包文件夹指定名称。

- 勾选"**复制链接**"复选框以包含任何链接文件的副本。

- 勾选"**收集不同文件夹中的链接**"复选框以创建"**链接**"文件夹并将任何链接的资源放置在其中。

- 勾选"**将已链接的文件重新链接到文档**"复选框以修改指向程序包文件夹的链接路径。

- 勾选"**复制字体（除Adobe Fonts和非Adobe CJK字体之外）**"复选框，以包括文档中使用的所有需要的本地安装字体。

- 勾选"**创建报告**"复选框，以生成并包含任何相关点颜色、字体以及链接或嵌入资产信息的摘要文本文件。

视频 18.1
最终确定要提交的文档

扫码看视频

使用"导出为"命令导出文件

Illustrator为导出文件和选定的图像提供了许多选项和格式类型。

导出文件

执行以下操作（图18.9）。

1. 执行"**文件|导出|导出为**"命令打开对话框。

2. 位置并为文件应用名称。

3. 为文件选择**格式**（macOS）或**保存类型**（Windows）。

4. （可选）如果文件有多个画板，需指定如何导出它们。

5. 单击"**导出**"按钮。

TIP 只能使用JPEG、PNG、TIFF和PSD格式导出多个画板。

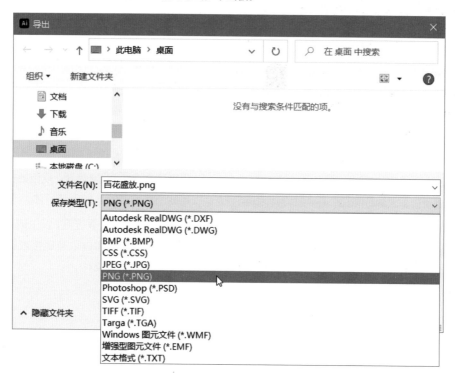

图 18.9 在"导出"对话框中使用PNG格式导出Illustrator文件

自定义JPEG导出选项

JPEG是照片的常用格式,其保留了图像的大部分颜色信息,但通过删除某些数据来压缩文件大小。

在"导出"对话框中选择JPEG (.jpg) 作为文件格式或类型,执行以下任一操作 (**图18.10**)。

- 在菜单中选择适当的**颜色模型**。
- 使用滑块或菜单调整"**品质**"以确定文件的质量和大小。
- 在菜单中选择压缩方法。

  "**基线 (标准)**"是大多数Web浏览器最常用和认可的。

  "**基线 (优化)**"生成一个针对颜色进行优化的文件,文件大小稍小。

"连续"显示一系列越来越详细的扫描 (用户指定下载数量) 作为图像在Web应用程序上的下载。

- 在菜单中选择分辨率设置。选择"**其他**"选项可以指定值。
- 选择"**消除锯齿**"选项以调整锯齿状的外观光栅化艺术品的边缘。
- 如果文件在属性面板中有关联的图像映射,如果要为其生成代码,勾选"**图像映射**"复选框。
- 执行"**嵌入ICC配置文件**"命令以在JPEG文件中包含活动ICC配置。

TIP 并非所有Web浏览器都支持基线 (优化) 和"连续"JPEG图像。

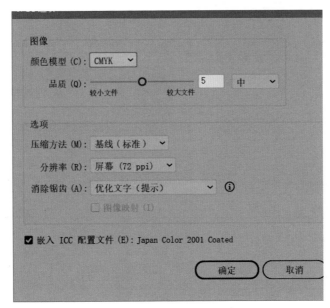

图 18.10 用于导出文件的"JPEG选项"对话框

自定义PNG导出选项

PNG（便携式网络图形）是一种支持无损数据压缩和透明的图像文件格式。

在"导出"对话框中选择PNG(.png)作为文件格式，执行以下任一操作（图18.11）。

■ 在菜单中选择**分辨率**选项。分辨率越高，图像质量越好，但文件容量也越大。

TIP 某些应用程序使用72 ppi打开PNG文件，并忽略指定的设置。

■ 选择"**消除锯齿**"选项以调整栅格化图像中锯齿边缘的外观。

■ 如果要在浏览器中下载文件时显示图像的低分辨率版本，需勾选"**交错**"复选框。

■ 在菜单中选择**背景色**，以指定用于填充透明度的颜色。如果要保留透明度，选择"**透明**"选项。

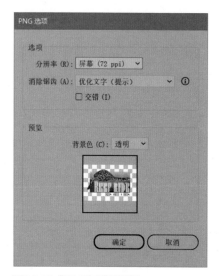

图 18.11 "PNG选项"对话框

自定义TIFF导出选项

TIFF（标记图像文件格式）是一种灵活的光栅格式，被大多数应用程序和平台广泛支持。

在"导出"对话框中选择TIFF(.tif)作为文件格式，执行以下任一操作（图18.12）。

■ 在菜单中为导出的文件选择适当的**颜色模型**。

■ 在菜单中选择"**分辨率**"选项。分辨率越高，图像质量越好，但文件容量也越大。

■ 选择"**消除锯齿**"选项以调整光栅化作品中锯齿边缘的外观。

■ 勾选"**LZW压缩**"复选框以应用无损压缩方法，该方法会导致较小的文件容量，并且不会丢弃图像的任何细节。

■ 勾选"**嵌入ICC配置文件**"复选框以将ICC配置包含在TIFF文件中。这适用于可以保存颜色配置文件的所有格式。

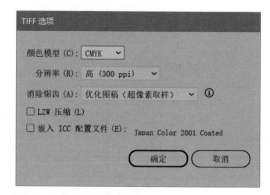

图 18.12 "TIFF选项"对话框

自定义Photoshop导出选项

导出为Photoshop文档允许用户保留图层和可编辑文本功能，除非图片包含无法转换为该格式的数据。

在"导出"对话框中，选择Photoshop（.psd）作为文件格式，执行以下任一操作（图18.13）。

- 在菜单中为导出的文件选择适当的**颜色模型**（如果包含层，不要更改颜色模式）。

- 在菜单中选择"**分辨率**"选项。分辨率越高，图像质量越好，但文件容量也越大。

- 如果要合并所有图层，同时保留图像的视觉外观，选中"**平面化图像**"单选按钮。

- 选中"**写入图层**"单选按钮可将层、组和复合形状导出为Photoshop中单独的可编辑图层。

- 勾选"**保留文本可编辑性**"复选框以包含点类型元素。

勾选"**最大可编辑性**"复选框，将所有置顶的子层转换为Photoshop中的各个图层，前提是此过程不会影响图像的外观。

- 选择"**消除锯齿**"选项以调整光栅化作品中锯齿边缘的外观。

- 勾选"**嵌入ICC配置文件**"复选框以将ICC配置包含在Photoshop文件中。这适用于可以保存颜色配置文件的所有格式。

图18.13 "Photoshop导出选项"对话框

用于导出文件的其他格式

AutoCAD Drawing (DWG) 和AutoCAD Interchange File (DXF) 是用于保存使用AutoCAD应用程序创建的矢量图形的标准文件格式。

BMP是Windows的标准图像格式。Illustrator允许用户指定用于栅格化图片的颜色模型、分辨率和抗锯齿栅格化设置，以及格式（Windows或OS/2）和位深度。

增强图元文件（EMF）是用于导出矢量图形数据的常见Windows格式。然而，一些矢量数据可能会栅格化。

Targa（TGA）用于动画和视频游戏行业。Illustrator允许用户指定用于栅格化图片的颜色模型、分辨率和抗锯齿栅格化设置，以及位深度。

Illustrator中的文本格式（TXT）允许导出文件的文本元素。

Windows图元文件（WMF）是16位Windows应用程序之间的中间交换格式。其矢量图形支持有限，因此建议尽可能使用EMF格式。

导出为多种屏幕所用格式

通过"导出为多种屏幕所用格式"对话框，可以导出具有不同格式和设置的多个栅格、PDF、SVG和OBJ文件，以用于数字设备。

从屏幕导出文档和画板

执行以下操作（图18.14）。

1. 执行"文件|导出|导出为多种屏幕所用格式"。

2. 确保画板选项卡处于活动状态。

3. 通过单击缩略图或选择"选择"部分下的选项，选择要导出的画板。

   • "全部"为选择所有画板并分别导出。

   • "范围"为单独或在一个范围内选择画板，然后分别导出。

   • "整篇文档"是将所有画板导出为一个文件。

4. 在"导出至"下，选择导出文件的存储文件夹、导出文件的组织方式以及导出完成后是否查看文件夹。

5. 在"格式"下，执行以下任一操作。

   • 根据需要自定义初始导出文件的"缩放""后缀"和"格式"选项。

   • 通过单击"添加缩放"按钮添加和自定义其他导出格式。

   • 单击iOS或Android按钮设置这些操作系统，通常需要一系列不同的文档格式和比例，这样就不必单独（或重复）设置它们。

   • 单击"高级设置"按钮以进一步配置文件格式选项。

   • 如果要在生成的文件名的开头包含说明，需输入前缀。

   • 单击X按钮删除格式。

6. 单击"导出画板"按钮以生成导出的文件。

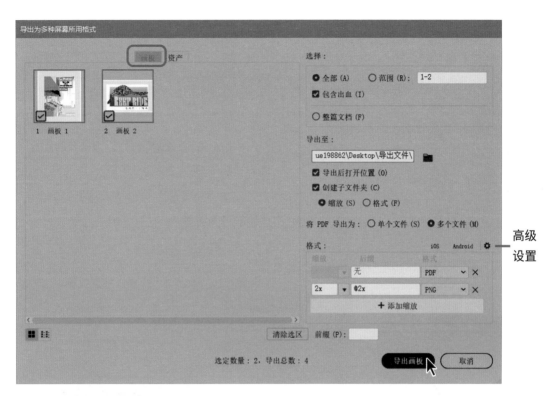

图 18.14 使用PDF和PNG格式导出文件的所有画板

从屏幕导出资源

使用"导出为多种屏幕所用格式"对话框的"资产"部分,可以分别导出选定的元素。

执行以下操作(图18.15)。

1. 选择图片,然后执行"**文件|导出|导出为多种屏幕所用格式**"命令。

2. 确保"**资产**"选项卡处于活动状态。

3. 通过单击缩略图或勾选或取消勾选"**所有资源**"复选框,选择要导出的资源。

4. 在"**导出至**"下,选择导出文件的位置、导出文件的组织方式以及导出完成后是否查看文件夹。

5. 在"**格式**"下,执行以下任一操作。

   • 根据需要自定义初始导出文件的"**缩放**""**后缀**"和"**格式**"选项。

• 通过单击"**添加缩放**"按钮添加和自定义其他导出格式。

• 单击iOS或Android按钮设置这些操作系统通常需要的预设格式,这样就不必手动(或重复)设置。

• 单击"**高级设置**"按钮以进一步配置文件格式选项。

• 如果要在生成的文件名的开头包含字符串,需输入**前缀**。

• 单击X按钮删除格式。

6. 单击"**导出资源**"按钮以生成文件。

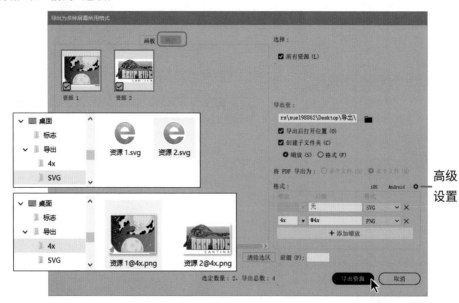

图 18.15 使用SVG和PNG格式导出所有选定的资源

使用资源导出面板

资源导出面板（图18.16）的行为类似于**导出为多种屏幕所用格式**对话框，具有管理所收集资源的其他功能。

TIP 要打开资源导出面板，执行"窗口|资源导出"命令。

导出收集的资源

执行以下操作。

1. 通过单击缩略图选择要导出的资源。

2. 根据需要自定义格式选项。

3. （可选）使用面板菜单（图18.16中的**A**）选择或取消选择导出文件的子菜单。

4. 单击"导出"按钮打开对话框。

5. 指定文件夹的位置，然后单击"**选择文件夹**"。

TIP 有关选择格式选项的详细信息，参阅本章的"导出为多种屏幕所用格式"部分。

将图像作为单一资产进行收集

选择图像后，执行以下任一操作。

- 按**Alt/Option**键，同时将选择的图像拖动到资源导出面板上。

- 单击"从选区生成单个资源"按钮（图18.16中的**B**）。

TIP 分组选择被视为单个资源。

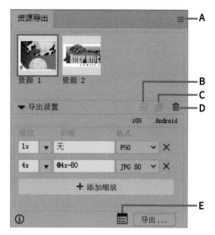

图 18.16
A. 面板菜单
B. 从选区生成单个资源
C. 从选区生成多个资源
D. 从该面板删除选定的资源
E. 启动屏幕导出

将图像作为多种资源进行收集

选择图像后，执行以下任一操作。

- 将选择的图像拖动到资源导出面板上。

- 单击"从选区生成多个资源"按钮（图18.16中的**C**）。

从集合中移除资源

在选定资源缩略图的情况下，执行以下操作。

- 单击"**从该面板删除选定的资源**"按钮（图18.16中的**D**）。

TIP 在资源导出面板中删除资源也会将其从"导出为多种屏幕所用格式"对话框中删除。

存储为Web所用格式

"**存储为Web所用格式**"对话框是一个传统的Illustrator功能,允许用户使用Web应用程序中最常用的自定义预设导出优化的作品副本。

TIP 只能导出一个画板,因此确保要使用的画板处于活动状态。

访问"**存储为Web所用格式**"对话框

打开要导出的文件后,执行以下操作。

- 执行"**文件|导出|存储为Web所用格式(旧版)**"命令。

使用预览窗口

在"**存储为Web所用格式**"对话框中,执行以下任一操作。

- 选择"**原稿**"选项卡以仅显示原稿的预览。
- 选择"**优化**"选项卡以仅显示导出文件的预览。
- 选择"**双联**"选项卡以显示原始文件预览和导出的文件预览以进行比较。

自定义GIF优化设置

在预设下,在名称菜单或优化的文件格式菜单中选择GIF选项,然后执行以下任一操作(图18.17)。

- 调整"**损耗**"量,以确定通过改变抖动区域进一步压缩可以减少多少文件容量。
- 调整"**颜色**"的数量。
- 在"**颜色**"设置左侧的菜单中选择"**减低颜色深度算法**"选项。
- 调整"**仿色**"的级别,以确定两种相邻颜色的行为方式,从而创建第三种颜色。
- 在"**仿色**"设置左侧的菜单中选择"**指定仿色算法**"选项。
- 选择"**透明度**"是启用还是禁用,然后勾选"**交错**"复选框。
- 在"**图像大小**"下,调整尺寸和比例,并选择抗锯齿方法。

图 18.17 "存储为Web所用格式"对话框显示原始文件和16色GIF,减少了抖动,未预览透明度

自定义JPEG优化设置

在**预设**下，在**名称**菜单或优化的文件格式菜单中选择JPEG选项，然后执行以下任一操作（图18.18）。

- 通过输入新值或在品质菜单右侧的菜单中选择不同的设置来调整压缩质量。

- 调整"**模糊**"值。

- 根据需要勾选或取消勾选"**连续**"和/或"**ICC 配置文件**"复选框。

- 选择"**杂边**"选项以确定背景颜色。

- 在"**图像大小**"下，调整尺寸和比例，并选择抗锯齿方法。

图18.18 "存储为Web所用格式"对话框显示原始文件和预览了黑色背景的低质量JPEG

视频 18.2
导出文件和资源

扫码看视频

附录 A

Illustrator首选项

Illustrator首选项实际上是一个单独的文件，用于控制应用程序的行为和显示方式。大多数设置都可以在首选项对话框中访问。

访问首选项对话框

执行以下任一操作。

- 在Windows中，执行"**编辑|首选项|[首选项集名称]**"命令。

- 在macOS上，执行"**Illustrator|首选项|[首选项集名称]**"命令。

- 在未选择任何对象的情况下，单击控制面板上的"**首选项**"按钮。

常规

"键盘增量"确定按下箭头键时选定对象移动的距离。

"约束角度"确定X轴和Y轴的角度(-360°~360°)。此值影响创建新对象、转换编辑、测量、智能导向和网格。

"圆角半径"确定使用"圆角矩形"工具绘制的对象角的初始曲率度(也可以在"圆角矩形"对话框中设置此值)。

"停用自动添加/删除"决定了笔工具放置在选定路径上的路径段上时,笔工具是否能够临时转换为添加锚点工具,或者当笔工具定位在选定路径的锚点上时,是否能够转换为删除锚点工具(按Shift键可启用或禁用此选项)。

"使用精确光标"将图形和编辑工具光标显示为十字光标,而不是工具图标(如果该选项被禁用,则按Cap Lock键可暂时启用该选项)。

当光标悬停在工具、样例和按钮等功能上时,"显示工具提示"将显示这些功能的描述。

默认情况下,"显示/隐藏标尺"允许标尺在每个文档中显示或隐藏。

"消除锯齿图稿"在屏幕上显示更平滑的矢量边。这不会影响打印输出。

"选择相同色调百分比"可执行"选择|相同|填充颜色"和"描边颜色"命令,仅选择具有精确色调百分比以及相同专色或全局颜色的对象。

"使用旧版"新建文件"界面"将禁用最新的"新文档"界面,并恢复到CC 2015.3及更早版本中提供的界面。

无论分辨率如何,"以100%缩放比例显示打印大小"都会将图片打印尺寸与显示器的显示相匹配。我们建议对数字项目禁用此选项。

"打开旧版文件时追加[转换]"指示用"另存为"对话框保存在版本10或更早版本中创建的Illustrator文件,并将其转换为应用程序的Creative Suite (CS) 或Creative Cloud (CC) 版本。它还将标签"[转换]"添加到文件名中,以防止文件被覆盖。如果此选项未激活,Illustrator将以原始版本保存文件,这可能会影响其类型、编辑和外观功能。

"启动时显示系统兼容性问题"检查计算机与应用程序的兼容性,以帮助用户确定是否需要更新任何驱动程序。

"双击以隔离"允许双击对象或组以激活隔离模式。

"使用日式裁剪标记"指示Illustrator在输出分色时添加日本风格的裁剪标记。

"变换图案拼贴"启用应用于包含图案的对象的变换工具操作,以便也将变换应用于图案。

"缩放圆角"可使活动形状对象的圆角、倒角与对象成比例缩放（也可以在"缩放"对话框中打开或关闭此选项）。

"缩放描边和效果"可以使对象的笔画权重和效果设置与对象成比例缩放（也可以在**"缩放"**对话框中打开或关闭此选项）。

"启用内容识别默认设置"允许Illustrator在裁剪图像、执行扭曲动作和应用自由渐变时使用内容感知计算。

"PDF导入时执行缩放"在Illustrator中打开PDF文档时保持其比例。

"使用鼠标滚轮缩放"可以通过滚动鼠标滚轮或通过单击并拖动鼠标滚轮进行平移来增大或减小放大倍数。

"旋转视图的触控板手势"允许用户使用触控板上的两个手指旋转画布视图。

"重置所有警告对话框"将重新激活用户先前选择的所有警告框**"不再显示"**。

单击**"重置首选项"**按钮后将恢复所有Illustrator首选项设置，然后退出并重新启动应用程序。

"使用预览边界"包括对象的描边粗细和任何应用的效果，作为对象的高度和宽度尺寸的一部分。这会影响变换编辑和对齐命令以及边界框的大小。

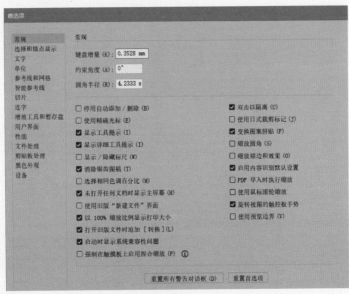

图A.1 "首选项"对话框中的"常规"设置

选择和锚点显示

选择

- **"容差"** 使用直接选择工具指定锚点的选择范围。

- **"选择并解锁画布上的对象"** 允许用户通过单击指定的锁定图标解锁单个对象，而不是执行 **"对象|全部解锁"** 命令解锁所有锁定的元素。

- **"在选择工具和形状工具中显示锚点"** 在选定对象且选择工具或形状工具处于活动状态时显示对象的锚点。

- **"在段整形时约束路径拖移"** 使用锚点拖动曲线线段时，会在垂直方向约束线段的控制柄。

- **"移动锁定和隐藏的带画板的图稿"** 指示Illustrator在重新定位或复制时在画板上包含锁定和隐藏元素。

- 在指定的像素距离内拖动、绘制或缩放对象时，**"对齐点"** 会将光标捕捉到附近的锚点或导向（可以使用"视图"菜单打开或关闭此选项）。

- **"仅按路径选择对象"** 禁用单击对象的填充以选择它的功能，并且需要使用"选择"或"直接选择"工具单击对象的路径或锚点。

- **"按住Crtl键单击选择下方的对象"** 可以在单击以连续选择当前选定对象下面的对象时按Command/Ctrl键。

- **"缩放至选区"** 将放大操作集中在选定元素上，而不是屏幕中心或指定区域。

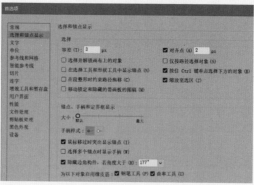

图 A.2 "首选项"对话框中的"选择和锚点显示"设置

锚点、手柄和定界框显示

- **"大小"** 可以调整锚点、手柄和定界框的大小。

- **"手柄样式"** 允许用户为方向点选择实心或空心圆。

- 将"直接选择"工具放置在锚点上时，**"鼠标移过时突出显示锚点"** 会临时放大锚点。

- **"选择多个锚点时显示手柄"** 显示选定对象的所有锚点手柄。

- **"隐藏边角构件，若角度大于"** 选项允许用户设置隐藏边角小部件的角度限制。

- **"为以下对象启用橡皮筋"** 将为 **"笔"** 或 **"曲率"** 工具显示下一个曲线段的交互式预览。

文字

"**大小/行距**""**字距调整**"和"**基线偏移**"确定使用键盘快捷键更改这些值时，为这些值修改所选文本的增量。

"**语言选项**"允许用户在**字符**、**段落**和**Open Type**面板以及"**类型**"菜单中显示东亚或印地语字符。

使用选择工具选择文本时，"**仅按路径选择文字对象**"需要精确单击文字基线。

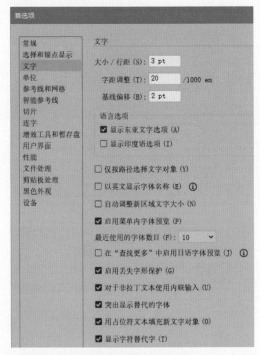

图 A.3 "**首选项**"对话框中的"**文字**"设置

"**以英文显示字体名称**"在"字体"菜单中使用拉丁字符而不是本地字符显示中文、日语和韩语字体。

"**自动调整新区域文字大小**"调整单列文本框的大小，以自动容纳溢出文本。

"**启用菜单内字体预览**"允许用户在应用选定文本样本之前预览字符菜单中的字体。

"**最近使用的字体数目**"确定最近选择的字体的最大数量（最多15个），显示在"字体"菜单顶部和"**文字|最近使用的字体**"子菜单中。

使用字符菜单的**查找更多**选项卡时，"在"**查找更多**"中启用日语字体预览"将显示日语字体的本地字符模拟。

"**启用丢失字形保护**"将保留转换为罗马字体的非罗马字体所放置的字形。

"**对于非拉丁文本使用内联输入**"将双字节文本直接输入到文本框。

"**突出显示替代的字体**"通过突出显示粉红色以便于识别，从而识别用替代字体替换的缺失字体。

"**用占位符文本填充新文字对象**"会自动将"lorem ipsum"文本流到新创建的空白文本框中。

"**显示字符替代字**"在画布上的上下文菜单中显示单个选定字符的替代选项。

单位

"常规"确定大多数面板和对话框的输入字段以及文档窗口标尺的当前活动文档中的度量单位。

"描边"确定描边面板的测量单位以及控制和外观面板中的**"描边粗细"**字段。

"文字"确定字符和段落面板的度量单位。

仅当在**"首选项"**对话框的**"文字"**部分中选择了**"显示东亚选项"**时，**"东亚文字"**才可用。选定的度量单位仅适用于东亚类型。

如果选定的**通用**测量单位为**Picas**，则启用**"无单位的数字以点为单位"**。如果勾选此复选框，输入的值（不包括文字和描边字段）将作为点输入。

"对象识别依据"指示Illustrator验证图层面板中的对象名称是否与XML规范匹配（XML是本书未涉及的高级功能）。

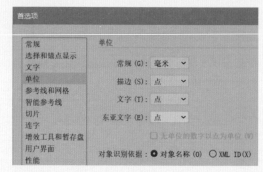

图 A.4 "首选项"对话框中的"单位"设置

参考线和网格

参考线

- **"颜色"**允许用户通过在菜单中选择颜色、选择**"自定义"**或单击颜色框以打开**"颜色"**对话框来设置标尺参考线的颜色。

- 样式决定标尺参考线显示为线条还是点。

网格

- **"颜色"**允许用户通过在菜单中选择颜色、选择**"自定义"**或单击颜色框以打开**"颜色"**对话框来设置网格的颜色。

- 样式决定网格显示为线还是点。

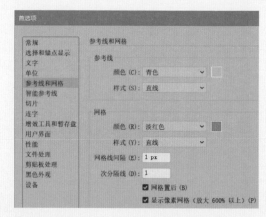

图 A.5 "首选项"对话框中的参考线和网格设置

智能参考线

"**对象参考线**"允许用户通过从菜单中选择颜色、选择自定义或单击颜色框打开颜色对话框来设置智能参考线的颜色。

"**对齐参考线**"显示直线参考线,指示手动创建、变换或重新定位对象时,对象或画板的边缘或中心何时与其他对象的边缘或中央对齐。

当光标经过原始对象时,"**对象突出显示**"将显示其轮廓。

使用缩放、旋转、反射或剪切工具变换对象时,"**变换工具**"会显示有角度的线参考线。

当光标经过另一个对象的定位点时,当用户手动绘制或变换对象时,"**结构参考线**"会显示成角度的参考线。可以使用菜单或在字段中输入角度来设置角度。

"**对齐容差**"设置距离(最多10Pt),在该距离内,要捕捉到要创建、修改或重新定位的对象的边、角或中心点,必须与另一个对象的边或中心点保持距离。

"**字形参考线**"允许用户将选择精确捕捉到文本元素(x高度、基线或字形边界)。"**字形参考线**"选项允许用户通过在菜单中选择颜色、选择**自定义**或单击颜色框以打开**拾色器**面板来设置字形参考线的颜色。

当光标经过对象的该部分或在构造过程中路径相交时,"**锚点/路径标签**"将显示描述(路径、定位或中心)。

当用户手动绘制、变换或重新定位对象时,"**度量标签**"将显示对象的尺寸和X/Y坐标。

"**间距参考线**"显示使用相等距离定位对象的线参考线。

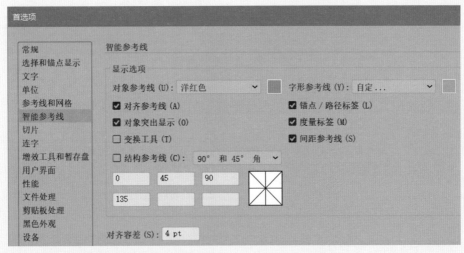

图 A.6 "首选项"对话框中的"智能参考线"设置

切片

切片是为Web输出创建的元素，与网页的表单元格相对应本书没有涉及。

"显示切片编号" 在屏幕上显示切片编号。

"线条颜色" 允许用户通过在菜单中选择颜色、选择**自定义**或单击颜色框以打开**拾色器**面板来设置切片边界线和切片编号框的颜色。

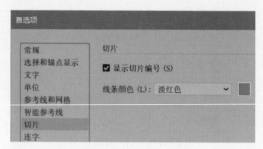

图 A.7 "首选项"对话框中的"切片"设置

连字

"默认语言" 确定应用于字符的字典语言，以供Illustrator在当前文档中对单词进行连字时参考。

"连字例外项" 是用户不希望Illustrator连字的单词。可以通过在**"新建项"**字段中输入，然后单击**"添加"**按钮来添加它们。要删除异常，选择它，然后单击**"删除"**按钮。

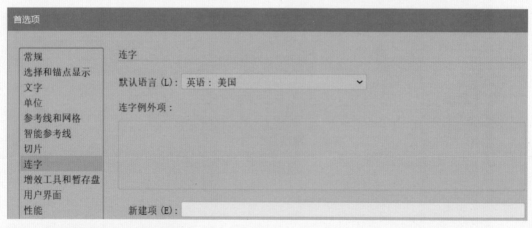

图 A.8 "首选项"对话框中的"连字"设置

增效工具和暂存盘

"**其他增效工具文件夹**"允许用户选择其他外部增效工具，这些增效工具位于Illustrator应用程序提供的不同位置。

"**暂存盘**"允许用户为暂存磁盘选择一个主硬盘和可选的辅助硬盘，当可用RAM不足以进行处理时，Illustrator将其用作虚拟内存。

图 A.9 "首选项"对话框中的"增效工具和暂存盘"设置

用户界面

"**亮度**"预设可调整工作区亮度。

"**画布颜色**"允许用户选择将文档画布（画板后面的区域）的背景亮度与工作区相匹配，或者选择白色。

"**自动折叠图标面板**"将关闭展开的面板，这些面板是通过单击缩略图打开的。

"**以选项卡方式打开文档**"使用应用程序框架中的选项卡停靠多个打开的文档。

"**大选项卡**"显示较高大的文档选项卡。

"**UI缩放**"允许用户调整应用程序的用户界面缩放，以最适合显示器分辨率。

"**按比例缩放光标**"相对于UI界面按比例调整光标大小。

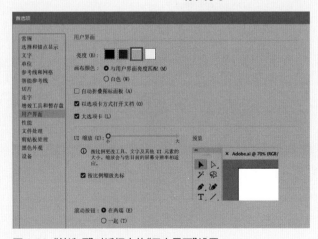

图 A.10 "首选项"对话框中的"用户界面"设置

性能

"**GPU性能**"指的是图形处理单元,它允许加速执行用于显示和操作图像的命令,从而使Illustrator能够更高效地运行。

通过向左或向右拖动**缩放**工具,"**动画缩放**"允许以平滑且动画化的方式执行缩放操作。

"**GPU详细信息**"提供有关设备和与设备关联的内存的信息。

"**还原计数**"确定可以执行多少"**编辑|重做**"命令。

"**实时绘图和编辑**"在操作选定对象时显示其实时外观。

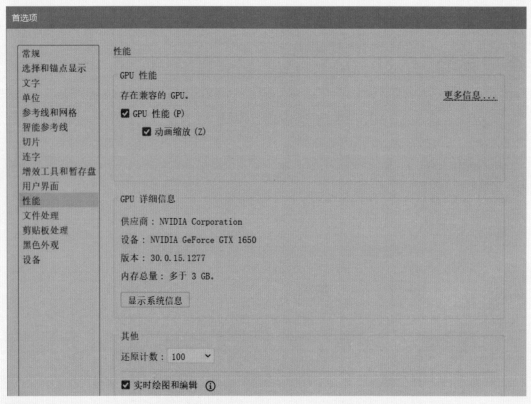

图 A.11 "首选项"对话框中的"性能"设置

文件处理

文件存储选项

- **"自动存储恢复数据的时间间隔"**允许Illustrator在系统崩溃时保存它提供的文件的恢复版本。菜单允许用户确定自动保存的频率。

- **"文件夹"**选择允许用户选择其他文件夹来保存恢复文件。

- **"为复杂文档关闭数据恢复"**允许Illustrator在影响性能时暂停备份复杂文件。

- **"在后台存储"**和**"在后台导出"**允许用户在Illustrator保存或导出文档时继续处理文档。

文件

- **"要显示的最近使用的文件数"**决定了在**"文件|打开最近的文件"**下显示的文件数。

- **"优化缓慢网络上的打开和存储时间"**可减少将文件保存到网络所需的时间。

- **"对链接的EPS使用低分辨率替代文件"**以低分辨率放置链接的EPS图像，以提高性能。

- 当**"视图|像素预览"**处于活动状态时，**"在"像素预览"中将位图显示为消除了锯齿的图像"**会软化1位光栅图像边缘。

- **"更新链接"**确定如何更新修改的链接文件。

- **"使用"编辑原稿"的系统默认值"**可以在单击放置图像的**编辑原稿**时选择要使用的应用程序。

字体

- **"自动激活Adobe Fonts"**允许Illustrator使用Adobe字体自动替换丢失的字体。

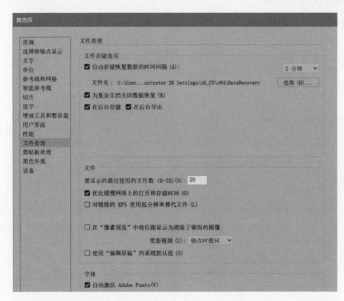

图 A.12 "首选项"对话框中的"文件处理"设置

剪贴板处理

在"复制时"的"包含SVG代码"选项中，可以将复制对象的SVG代码包含在剪贴板上进行粘贴。

"退出时"选项确定Illustrator是否使用AICB（Adobe Illustractor剪贴板）和/或PDF文件格式复制作品以粘贴文件。

- PDF（便携文档格式）支持本机透明度，并将图片粘贴为图形，而不是可编辑路径。

- AICB（Adobe Illustrator剪贴板文档）是不支持透明度的旧Postscript格式。"保留路径"将保留向量路径。"保留外观叠印"将效果和叠印元素等外观保持为单独的对象。

"粘贴文本时不包含格式"将在粘贴时从文本中删除继承的字符和段落类型格式。

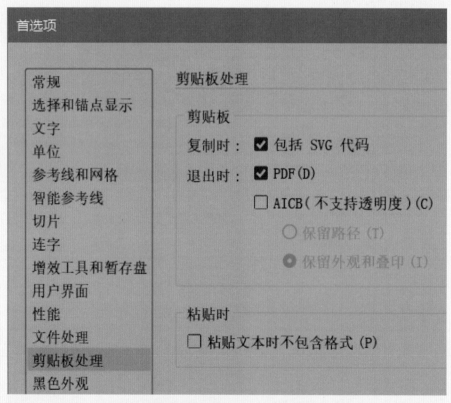

图 A.13 "首选项"对话框中的"剪贴板处理"设置

黑色外观

"**黑色外观**"选项决定显示器显示黑色的方式,以及数字输出 (RGB) 或打印 (CMYK) 时的黑色外观。

屏幕显示

* "**精确显示所有黑色**"显示所有黑色在使用 CMYK打印时,准确地将100%黑色显示为深灰色。

* "**将所有黑色显示为复色黑**"将所有黑色都显示为浓黑,而不考虑指定的CMYK值。

打印/导出

* "**精确输出所有黑色**"在使用RGB设备查看或打印时,准确地将所有黑色显示为深灰色。

* "**将所有黑色输出为复色黑**"将所有黑色都显示为浓黑,而不考虑指定的RGB值。

"**说明**"提供了将光标悬停在"**屏幕显示**"和"**打印/导出**"菜单选项上时的说明。

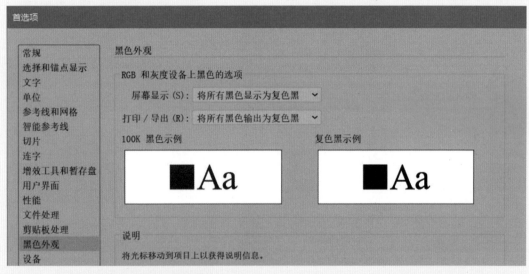

图 A.14 "首选项"对话框中的"黑色外观"设置

设备

"**启用Wacom**"允许Illustrator识别Wacom平板电脑和手写笔。

如果Illustrator由于Wacom设备问题而崩溃，此选项将自动禁用，要求用户在下次启动应用程序时重新选择它。

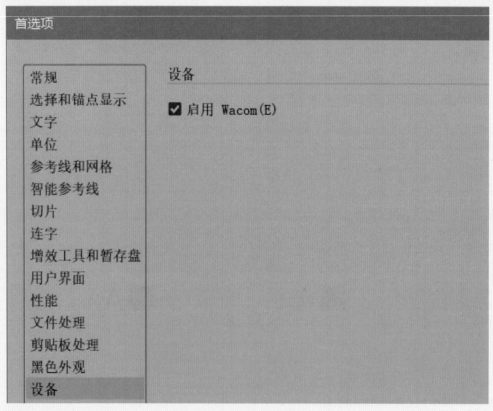

图A.15 "首选项"对话框中的"设备"设置

附录 B

键盘快捷键

Illustrator为工具和命令提供了大量键盘快捷键，随着用户对应用程序的熟悉，这些快捷键有助于用户提高工作效率。

为了便于快速参考，本附录汇集了一些最常用的键盘快捷键。

深入了解

用户可以在联机的"**默认键盘快捷键**"下找到有关其他快捷键的更多信息。

也可以在**键盘快捷键**对话框（执行"**编辑|键盘快捷键**"命令）中自定义键盘快捷键。

常用快捷方式

从菜单栏选择菜单快捷方式时，菜单快捷方式显示在命令的右侧。

工具栏快捷方式显示在工具名称的右侧，将光标悬停在"隐藏工具"图标上时可以看到（图B.1）。

TIP Command 和 Option 是 macOS，Ctrl 和 Alt 是 Windows。

文件和Illustrator菜单

命令	快捷方式
打开文件	Command/Ctrl+O
创建新文件	Command/Ctrl+N
保存文件	Command/Ctrl+S
置入文件	Shift+Command/Ctrl+P
打印文件	Command/Ctrl+P
关闭文件	Command/Ctrl+W
打开"首选项"对话框	Command/Ctrl+K
退出 Illustrator	Command/Ctrl+Q

选择和对象菜单

命令	快捷方式
添加到选定内容	Shift+单击或拖动
从所选内容中减去	Shift+单击或拖动
全选	Command/Ctrl+A
取消选择	Shift+Command/Ctrl+A
锁定所选对象	Option/Alt+Command/Ctrl+2
全部解锁	Shift+Command/Ctrl+2
编组	Command/Ctrl+G
取消编组	Shift+Command/Ctrl+G
置于顶层	Shift+Command/Ctrl+]
前移一层	Command/Ctrl+]
置于底层	Shift+Command/Ctrl+[
后移一层	Command/Ctrl+[

编辑菜单

命令	快捷方式
还原	Command/Ctrl+Z
重做	Shift+Command/Ctrl+Z
复制	Command/Ctrl+C
剪切	Command/Ctrl+X
粘贴	Command/Ctrl+V
贴在前面	Command/Ctrl+F
贴在后面	Command/Ctrl+B
设置变换原点	Option/Alt+单击或拖动
重新应用上次编辑操作	Command/Ctrl+D
拼写检查	Command/Ctrl+I

视图菜单

命令	快捷方式
放大100%	Command/Ctrl+1
放大	Command/Ctrl++ (加号)
缩小	Command/Ctrl+- (减号)
轮廓视图/预览切换	Command/Ctrl+Y

工具栏

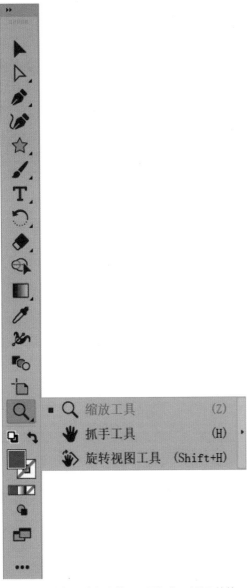

工具		Shortcut
▶	选择	V
▷	直接选择	A
✨	魔棒	Y
⌇	套索	Q
✏	钢笔	P
✚	添加锚点	+
✏	删除锚点	-
⌐	锚点	Shift+C
T	文字	T
/	直线段	\
■	矩形	M
●	椭圆	L
✦	画笔	B
✎	铅笔	N
✂	剪刀	C
↻	旋转	R
▷◁	镜像	O
⬚	比例缩放	S
■	渐变	G
/	吸管	I
▰	混合	W
⎡	画板	Shift+O
✋	抓手	H
🔍	缩放	Z
▱	默认填色/描边	D
n/a	切换填色/描边	X
↰	互换 填色/描边	Shift+X
⊘	无 (填色或描边)	/

图 B.1 将光标悬停在隐藏工具图标上,以显示缩放工具组和快捷方式

缩放工具 (Z)
抓手工具 (H)
旋转视图工具 (Shift+H)